KB116986

단 하나의 방정식

단 하나의 방정식

1판 1쇄 발행 2021. 11. 29.
1판 3쇄 발행 2022. 6. 7.

지은이 미치오 카쿠
옮긴이 박병철

발행인 고세규
편집 이승환 디자인 유상현 마케팅 박인지 홍보 박은경
발행처 김영사

등록 1979년 5월 17일 (제406-2003-036호)
주소 경기도 파주시 문발로 197(문발동) 우편번호 10881
전화 마케팅부 031)955-3100, 편집부 031)955-3200 팩스 031)955-3111

값은 뒤표지에 있습니다.
ISBN 978-89-349-5935-9 03400

홈페이지 www.gimmyoung.com 블로그 blog.naver.com/gybook
인스타그램 instagram.com/gimmyoung 이메일 bestbook@gimmyoung.com

좋은 독자가 좋은 책을 만듭니다.
김영사는 독자 여러분의 의견에 항상 귀 기울이고 있습니다.

THE GOD EQUATION

단 하나의 방정식

The Quest for a Theory of Everything

궁극의 이론을 찾아서

미치오 카쿠
박병철 옮김

MICHIO KAKU

김영사

사랑하는 나의 아내 시즈에,
그리고 나의 딸들 미셸 카쿠 박사와 앨리슨 카쿠에게

차례

궁극의 이론

궁극의 이론final theory이란 우주에 작용하는 모든 힘을 하나로 통일하고, 팽창하는 공간에서 소립자素粒子, elementary particle(더 이상 분해되지 않는 최소 단위 입자. '기본입자'라고도 한다 - 옮긴이)의 미세한 운동에 이르는 우주 만물의 안무按舞를 설명하는 이론이다. 이 원대한 목적을 이루려면 물리학의 모든 것을 우아한 수학으로 포용하는 방정식을 찾아야 한다.

전 세계의 저명한 물리학자들이 이 작업에 착수했다. 2018년에 타계한 스티븐 호킹도 생전에 "(궁극의 이론은) 이론물리학의 끝을 의미하는가?"라는 의미심장한 제목으로 강연을 한 적이 있다.

궁극의 이론이 성공적으로 구축된다면 두말할 것도 없이 과학 역사상 최고의 업적으로 남을 것이다. 빅뱅에서 우주의 종말에 이르는 모든 과정이 단 하나의 방정식에서

도출된다고 상상해보라. 이 얼마나 심오하고 강력한 이론인가? 궁극의 이론은 모든 물리학자들이 꿈꾸는 물리학의 성배聖杯이자, '이 세상은 무엇으로 이루어져 있는가?'라는 질문의 해답을 찾아온 2천 년 과학사에 마지막 마침표를 찍어줄 최후의 종결자이다.

상상만 해도 가슴이 방망이질을 친다.

아인슈타인의 꿈

내가 궁극의 이론에 관한 이야기를 처음 접한 것은 여덟 살 때의 일이었다. 과학적 식견이 남들보다 조숙해서가 아니라, 그 무렵에 커다란 사건이 일어났기 때문이다. 1955년 4월의 어느 날, 알베르트 아인슈타인의 사망을 알리는 기사가 인상적인 사진과 함께 신문의 1면을 장식했다.

거기에는 아인슈타인이 죽기 직전까지 사용했던 책상과 그 위에 펼쳐진 채 주인을 잃은 노트 한 권의 사진과 함께, "우리 시대 최고의 과학자, 자신의 연구를 끝내지 못한 채 타계하다"라는 문구가 실려 있었다. 나는 정말로 궁금했다. 대체 얼마나 어려운 문제였기에, 최고의 과학자인 아인슈타인조차 풀지 못했을까?

그 노트에는 아인슈타인이 '통일장이론unified field theory' 이라 불렀던 궁극의 이론이 미완의 상태로 적혀 있었다.

그의 목표는 "신의 마음이 담겨 있는" 단 한 줄짜리 방정식으로 우주의 삼라만상을 설명하는 것이었으나, 끝내 신의 마음을 읽지 못하고 세상을 떠났다.

나는 그것이 얼마나 엄청난 연구인지 전혀 모르는 채, 무작정 아인슈타인의 길을 따라가기로 마음먹었다. 이 시대 최고의 과학자가 남기고 간 꿈을 이루는 데 어떻게든 일조하고 싶었기 때문이다.

물론 쉬운 길은 아니었다. 그동안 수많은 이론물리학자들이 이 분야에 투신했지만 아무도 성공하지 못했다.[1] 프린스턴대학교의 물리학자 프리먼 다이슨이 말했듯이, 통일장이론으로 가는 길은 온갖 실패의 흔적으로 가득 차 있다.

그러나 최근 들어 상황이 많이 달라져서, 세계적으로 저명한 물리학자들은 올바른 답에 가까이 접근했다고 믿고 있다.

가장 그럴듯한(내가 보기에는 유일한) 후보로는 끈이론string theory을 들 수 있다. 이 이론에 의하면 우주의 최소단위는 점입자point particle가 아니라 진동하는 끈이며, 이들은 진동패턴에 따라 다양한 소립자의 모습으로 관측된다.

만일 우리에게 초강력 현미경이 주어진다면, 전자electron와 쿼크quark, 뉴트리노neutrino 등은 고무줄을 닮은 초미세 고리형 끈이 각기 다른 패턴으로 진동하면서 나타난 결과임을 눈으로 확인할 수 있을 것이다. 이 고리형 끈을 다양한 방식으로 여러 번 퉁기면 우주에 존재하는 모든 입자를 만들어낼 수 있다(물론 끈은 엄청나게 작기 때문에 인위적으로 퉁기는 것은 불가능하다 - 옮긴이). 다시 말해서, 모든 물리법칙이 '끈이 만들어낸 화음'으로 요약된다는 뜻이다. 화학은 끈으로 연주한 멜로디이며, 우주는 이들이 모여서 만들어진 장엄한 교향곡이다. 아인슈타인이 말한 대로, '시공간spacetime에 울려 퍼지는 우주적 음악' 속에 신의 마음이 깃들어 있는 것이다.

이것은 학자들만 관심을 갖는 상아탑의 유물이 아니다. 역사를 되돌아보면, 과학자들이 새로운 힘을 발견할 때마다 인류의 삶과 문명은 커다란 변화를 겪어왔다. 뉴턴의 운동법칙과 중력법칙은 산업혁명의 기초가 되었고, 마이클 패러데이와 제임스 클러크 맥스웰의 전자기학은 전기모터와 발전기로 도시의 밤을 밝히고 TV, 라디오 등 다양한 통신수단을 창출했다. 또한 아인슈타인의 $E=mc^2$은 별의 에너지원을 설명하여 핵에너지 시대를 열었으며, 에르빈 슈뢰딩거와 베르너 하이젠베르크를 비롯한 일단의 물리학자들은 양자이론의 비밀을 밝힘으로써 슈퍼컴퓨터와 레이저, 인터넷을 비롯하여 오늘날 일반 가정집 거실에 있는 각종 첨단 장비의 이론적 기초를 제공했다.

지금 우리가 누리는 대부분의 첨단 기술은 자연의 기본 힘을 연구하는 과학, 즉 물리학에 뿌리를 두고 있다. 요즘 과학자들은 자연에 존재하는 네 가지 힘(중력, 전자기력, 강한 핵력, 약한 핵력)을 하나로 통일하는 이론을 향해 나아가는 중이다. 이 이론이 완성된다면, 아래 열거한 '가장 심오한 질문들'의 답을 알게 될 것이다.

- 빅뱅 직전에 어떤 일이 있었으며, 무엇이 빅뱅을 유발했는가?
- 블랙홀의 내부(또는 반대편)에는 무엇이 있는가?
- 시간여행은 가능한가?
- 우리 우주에는 웜홀wormhole이 존재하는가?
- 4차원 이상의 고차원 공간은 정말로 존재하는가?
- 우리 우주 외에 다른 우주가 존재하는가? 즉, 다중우주 또는 평행우주가 존재하는가?

이 책에는 물리학 역사상 가장 낯설고 기이한 이론의 실체와 과학자들의 탐구과정에 관한 이야기가 담겨 있다. 앞으로 우리는 기술혁명을 불러온 뉴턴의 역학과 전기 세상의 기초가 되었던 전자기력, 20세기 과학을 이끌었던 상대성이론과 양자역학, 그리고 시공간의 깊은 미스터리를 자신만의 논리로 설명한 끈이론을 다루게 될 것이다.

비평가들

물론 꽃길만 걸어온 것은 아니다. 끈이론이 괄목할 만한 성공을 거둔 것은 분명한 사실이지만, 비평가들은 이론 자체의 문제점을 꾸준히 지적해왔다. 실제로 끈이론은 화려한 전성기를 보낸 후 막다른 길에 놓인 상태이다.

가장 큰 문제는 이론의 화려함과 수학적 치밀함에도 불구하고 검증 가능한 증거를 하나도 내놓지 못했다는 점이다. 한때 물리학자들은 스위스 외곽에 있는 세계 최대의 입자가속기 대형 강입자충돌기Large Hadron Collider(LHC)에서 궁극의 이론을 입증해줄 증거가 나올 것으로 기대했으나, 결국 아무것도 건지지 못했다. LHC는 2012년에 힉스보손Higgs boson(힉스입자)을 발견하여 잠시 유명세를 치렀지만, 사실 힉스입자는 궁극의 이론에 필요한 아주 작은 조각이었을 뿐이다.

1990년대에 미국의 과학자들은 LHC보다 훨씬 강력한 초전도 초충돌기Superconducting Super Collider(SSC)를 만들다가 도중에 중단한 적이 있는데, 이 괴물 같은 장치가 완성되었어도 궁극의 이론이 입증된다는 보장은 어디에도 없었다. 그리고 힉스입자와 달리, 궁극의 이론을 입증하는 입자는 어떤 에너지 영역에서 발견될지 예측할 수도 없다 (어디서 나올지 알 수 없기 때문에, 넓은 에너지 영역을 이 잡듯이 뒤져야 한다-옮긴이).

비평가들이 말하는 끈이론의 가장 큰 문제는 이론으로부터 다중우주multiverse가 예견된다는 점이다. 아인슈타인은 생전에 이런 질문을 떠올린 적이 있다. '신은 왜 하필 지금과 같은 우주를 창조했을까? 우주를 창조할 때 다른 선택의 여지가 없어서 그랬을까? 신이 창조한 우주는 우리 우주 단 하나뿐일까?' 끈이론은 그 자체로 유일한 이론이지만, 우주에 대하여 무수히 많은 해解, solution를 제시하고 있다. 즉, 끈이론에 의하면 우리의 우주는 무수히 많은 해들 중 하나일 뿐이다. 물리학자들은 이것을 '풍경문제landscape problem'라 부른다. 이것이 사실이라면 우리의 우주는 그중 어떤 해에 해당하는가? 우리는 왜 다른 우주가 아닌 지금과 같은 우주에서 살게 되었는가? 이 문제에 관하여 끈이론은 어떤 답을 제시하고 있는가? 끈이론은 모든 것을 설명하는 '만물의 이론theory of everything'인가? 아니면 모든 것을 설명하는 척하면서 아무것도 설명하지 못하는 '빛 좋은 개살구'인가?

사실 나는 이 문제를 논할 때 완전한 중립을 지키기 어려운 입장이다. 나는 1968년에 끈이론이 느닷없이 출현했을 때부터 각별한 관심을 갖고 연구해왔으며, 하나의 공식에서 출발하여 도서관을 가득 채울 정도로 방대한 논문이 출판될 때까지 모든 과정을 가장 가까운 곳에서 지켜보았다. 현재 끈이론은 가장 활발하게 연구되는 이론물리학 분야로서, 세계적인 석학들에게 영감 어린 아이디어를 제공하고 있다. 나는 독자들이 이 책을 읽고 끈이론의 역할과 한계에 대하여 객관적이고 균형 잡힌 의견을 갖게 되기를 바란다.

끈이론은 위에 서술한 문제에도 불구하고 세계 최고의 과학자들의 마음을 사로잡았고, 숱한 논쟁을 겪으면서도 명맥을 굳건하게 유지해왔다. 대체 그 비결이 무엇일까? 지금부터 찬찬히 알아보기로 하자.

1

오래된 꿈

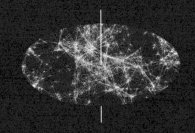

THE GOD EQUATION

찬란하게 빛나는 밤하늘의 별을 바라보고 있노라면, 어느
새 마음은 신비감과 경외감으로 가득 찬다. 이럴 때 당신
의 마음속에는 오만 가지 질문이 떠오르겠지만, 그중에서
가장 심오한 질문 몇 개만 골라보자.

우주는 거대한 계획에 따라 창조되었는가?
외관상 무의미해 보이는 우주를 어떻게 이해해야 하는가?
모든 존재에는 목적이 있는가? 아니면 목적 없이 그냥 존재
할 뿐인가?

문득 스티븐 크레인(19세기 말 미국의 시인 – 옮긴이)의 시구
가 떠오른다.

한 인간이 우주에게 말했다.

"보세요, 제가 여기 존재합니다!"

그러자 우주가 답했다.

"그래? 하지만 내가 자네를 보살필 책임은 없다네."

혼돈에 가까운 세상을 처음으로 유심히 관찰한 사람은 고대 그리스인들이었다. 아리스토텔레스 같은 철학자들은 모든 만물이 흙, 공기, 불, 물이라는 네 가지 기본재료로 이루어져 있다고 믿었다. 그렇다면 이들이 어떤 식으로 섞여서 지금처럼 복잡다단한 세상이 만들어진 것일까?

그리스의 철학자들은 이 질문에 두 가지 답을 제시했다. 첫 번째 답을 제시한 사람은 아리스토텔레스보다 반세기쯤 전에 활동했던 데모크리토스로서, 그는 모든 물체가 눈에 보이지 않고 파괴되지도 않는 가장 작은 단위, 즉 원자atom로 이루어져 있다고 주장했다('atom'은 그리스어로 '보이지 않는 것'이라는 뜻이다). 당대의 비평가들은 '보이지 않으면 확인할 길도 없다'며 원자설을 부정했지만, 데모크리토스는 매우 설득력 있는 간접증거를 제시했다.

금반지를 예로 들어보자. 아무리 반짝이는 금반지도 세월이 흐르면 닳기 마련이고, 닳는다는 것은 곧 무언가가 사라진다는 뜻이다. 매 순간 반지의 일부가 마모되어 사라지고 있다. 그러므로 원자가 눈에 보이지 않는다 해도, 우리는 그 존재를 간접적으로 측정할 수 있다.

최첨단 과학도 간접적인 증명을 통해 구축되어왔다. 우리는 태양에 가본 적 없고 DNA 내부로 들어가본 적도 없으며 빅뱅을 목격한 적도 없지만, 간접적인 관측을 통해 태양의 나이와 DNA의 구조, 그리고 우주의 나이를 알아냈다. 앞으로 알게 되겠지만, 통일장이론의 증거를 찾을 때에는 직접증거와 간접증거 사이의 차이가 핵심적인 역할을 한다.

두 번째 답을 제시한 사람은 고대 그리스의 위대한 수학자 피타고라스였다.

피타고라스는 음악처럼 현실적인 대상에 수학적 논리를 적용한 최초의 철학자였다. 남겨진 기록에 의하면 그는 망치로 금속을 두드릴 때 나는 소리와 현을 퉁길 때 나는 소리의 유사성을 발견하고 음의 수학적 특성을 파고든 끝에 '두 음의 진동수가 특정한 비율을 이룰 때 듣기 좋은 화음이 생성된다'는 사실을 알아냈다고 한다. 간단히 말해서, 음악이 아름다운 이유를 수학에서 찾은 것이다. 여기서 영감을 떠올린 피타고라스는 주변의 모든 물체들도 정교한 수학법칙을 따른다고 생각했다.

그러므로 현시대의 위대한 이론 중 최소 두 개는 '모든 만물은 눈에 보이지 않고 더 이상 쪼갤 수 없는 최소 단위 (원자)로 이루어져 있으며, 다양하기 이를 데 없는 자연은 진동의 수학으로 표현된다'는 고대 그리스의 철학에서 탄생한 셈이다.

그러나 안타깝게도, 정곡을 꿰뚫었던 고대인의 사상은 고대문명의 붕괴와 함께 사라져버렸고, 우주를 설명하는 패러다임은 거의 천 년 동안 인류의 뇌리에서 잊혀졌다. 서구사회에 암흑기가 도래하면서 과학적 탐구정신이 미신과 마법으로 대치되었기 때문이다.

르네상스 – 과학의 복귀

17세기에 소수의 위대한 과학자들은 자연과 우주의 관측 데이터에 기초하여 기존의 가치관에 반하는 주장을 펼쳤다가 완강한 반대에 부딪히거나 종교적 박해에 시달렸다. 신성로마제국 황제 루돌프 2세의 과학 고문顧問이었던 요하네스 케플러는 행성의 운동에 수학논리를 적용한 최초의 과학자였지만, 자신의 이론에 종교적 신념을 살짝 추가하여 충돌을 피해갔다.

전직 수도사였던 지오다노 브루노는 별로 운이 좋지 못했다. 그는 '다른 별을 공전하는 외계행성에도 생명체가 존재한다'고 주장했다가 입에 재갈을 물린 채 알몸으로 조리

돌림을 당했고, 결국 1600년에 화형에 처해졌다.

실험과학의 아버지로 통하는 위대한 갈릴레오 갈릴레이도 거의 비슷한 처지에 놓였지만, 브루노와 달리 종교재판관 앞에서 자신의 주장을 철회하고 간신히 목숨을 건졌다. 그러나 교회의 탄압에도 불구하고 갈릴레이가 망원경으로 알아낸 사실은 후대에 고스란히 전해졌다. 그가 손수 제작한 천체망원경은 과학 역사상 가장 혁명적인 발명품일 것이다. 갈릴레이는 이 망원경을 통해 달의 크레이터를 직접 보았고, 금성이 달처럼 차고 기운다는 사실을 알아냈으며, 목성 주변을 도는 위성을 네 개나 발견했다(지금까지 발견된 목성의 위성은 무려 79개나 된다 – 옮긴이). 이 모든 것이 이단으로 치부되었으니, 재판관 앞에서 고개를 떨군 갈릴레이의 심정이 상상이 가고도 남는다.

자신이 틀렸음을 인정하고 사형 대신 가택연금으로 풀려난 갈릴레이는 아무도 만나지 못하고 실명까지 하는 등 고통스러운 노년을 보내다가 1642년에 세상을 떠났다(그는 자신이 실명한 이유가 망원경으로 태양을 관측할 때 안구 보호장치를 사용하지 않았기 때문이라고 했다). 갈릴레이가 세상을 떠난 바로 그해에 영국의 울즈소프라는 작은 마을에서 한 아이가 태어났는데, 바로 이 아이가 훗날 갈릴레이와 케플러가 구축했던 미완의 이론을 완성하고 천체의 운동을 하나의 이론으로 통일한 아이작 뉴턴이다.

뉴턴의 힘 이론

아이작 뉴턴은 '인류 역사상 가장 위대한 과학자'로 손색이 없다. 그는 온 세상이 미신과 마술에 휘둘리던 시대에 태어나, '미적분학calculus'이라는 새로운 계산법을 개발하여 천체의 운동을 수학적으로 깔끔하게 서술했다. 미국의 물리학자 스티븐 와인버그는 "궁극의 이론을 향한 물리학자의 꿈은 뉴턴에 의해 시작되었다"고 했다.[1] 그 시대에는 모든 물체의 운동을 서술하는 이론이 곧 만물의 이론이었기 때문이다.

뉴턴의 위대한 업적은 스무 살 때부터 시작된다. 그는 열아홉 살 때 케임브리지대학교에 입학했다가 흑사병이 퍼지는 바람에 고향인 울즈소프로 피신했는데, 1666년 어느 날 고향집 농장을 거닐다가 나무에서 떨어지는 사과를 바라보며 인류의 역사를 바꿀 위대한 질문을 떠올렸다.

'사과가 떨어진다면, 혹시 달도 지구를 향해 떨어지고 있는 것은 아닐까?'

그 무렵 교회에서는 신도들에게 두 가지 법칙을 가르치고 있었다. 첫 번째 법칙은 인간의 죄 때문에 타락한 지상의 법칙이고, 두 번째는 하늘의 움직임을 다스리는 순수하고 완벽한 법칙이었다.

뉴턴의 목적은 하늘의 법칙과 땅의 법칙을 하나로 통일하는 것이었다.

그의 연구노트에는 과학사에 길이 남을 그림이 등장한다(그림-1 참조. 이 그림은 그의 저서 《프린키피아》 제3권에 수록되어 있다 – 옮긴이).

산꼭대기에서 대포를 쏘면 포탄이 특정 거리만큼 날아간 후 땅에 떨어진다. 포탄의 발사 속도가 빠를수록 비행 거리도 길어지는데, 속도가 충분히 빠르면 지구를 한 바퀴 돈 후 발사 지점으로 되돌아올 수 있다. 이로부터 뉴턴은

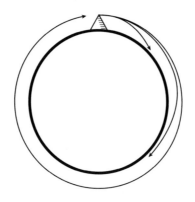

그림-1 포탄의 에너지가 충분히 크면 지구를 한 바퀴 돌아 발사 지점으로 되돌아온다. 뉴턴은 달의 운동을 포탄과 동일한 논리로 설명함으로써, '지구와 하늘에서 일어나는 모든 물체의 운동은 하나의 통일된 법칙을 따른다'고 천명했다.

'달의 운동을 관장하는 법칙은 사과와 포탄, 그리고 중력에도 똑같이 적용된다'는 놀라운 결론에 도달했다. 땅과 하늘이 동일한 법칙에 따라 운영된다는 뜻이다.

이 논리에서는 '힘force'이라는 개념이 핵심적 역할을 한다. 물체가 움직이는 것은 범우주적으로 작용하면서 수학적으로 정확하게 정의할 수 있는 힘이 작용하기 때문이다 (그 전까지만 해도 일부 신학자들은 물체가 떨어지는 것이 물체 자체의 욕망 때문이라는 믿음하에 '물체는 지구와 하나가 되기 위해 아래로 떨어진다'고 주장했다).

뉴턴이 하늘과 땅의 법칙을 하나로 통일할 수 있었던 것은 바로 이 '힘' 덕분이었다. 그러나 지나칠 정도로 내향적 성격의 소유자였던 그는 자신이 발견한 내용을 외부에 알리지 않고 혼자만 알고 있었다. 사실 그는 주변 사람들과 일상적인 대화조차 나누기 어려울 정도로 사교성이 떨어졌으며(그래서 과학사학자 중에는 뉴턴이 서번트증후군과 유사한 정신질환을 앓았다고 주장하는 사람도 있다 – 옮긴이), 발견의 우선권을 놓고 다른 학자들과 격렬한 논쟁을 벌이곤 했다.

그러던 중 1682년에 과학의 역사를 바꿀 중요한 사건이 발생했다. 밝은 빛을 발하는 혜성이 런던 하늘에 나타난 것이다. 그 정체불명의 천체는 대체 어디서 왔으며 어디로 가는 것일까? 무언가 불길한 사건을 예고하는 전조일까?

왕과 왕비에서 거지에 이르기까지, 런던의 모든 시민들은 거리로 나와 불안한 마음으로 혜성을 바라보았다.

이 사건에 깊은 관심을 기울였던 당대 최고의 천문학자 에드먼드 핼리는 뉴턴을 만나기 위해 당장 케임브리지로 달려왔다(당시 뉴턴은 빛에 관한 이론을 발표하여 이미 최고의 물리학자로 인정받고 있었다. 그는 프리즘을 통과한 빛이 여러 색으로 분리되는 현상을 발견하고 '빛은 여러 개의 단색광으로 이루어져 있다'고 주장했다. 또 이 무렵에 그는 렌즈 대신 거울을 이용한 반사망원경을 발명했다).

핼리 교수님도 보셨죠? 그 정체불명의 천체 말입니다.

뉴턴 당연히 봤지. 그 천체는 태양을 중심으로 타원 궤적을 그리는 중이라네. 나의 중력이론을 이용하면 앞으로 그리게 될 궤적도 알 수 있지. 내 계산 결과를 한번 보겠나?

핼리 우아! 제가 관측했던 궤적과 정확하게 일치하네요. 발표는 하셨나요?

뉴턴 아니, 무지한 사람들을 이해시키려면 말이 길어질 것 같아서 그만뒀네.

핼리 그렇다고 이 역사적인 발견을 혼자만 알고 계신단 말입니까? 기가 막혀서… 이건 말도 안돼요! 출판 비용은 제가 댈 테니 당장 출판하세요. 제발 부탁드립니다!

이렇게 탄생한 책이 바로 과학사에 길이 빛날 최고의 명저 《자연철학의 수학적 원리Mathematical Principle of Natural Philosophy》, 약칭 《프린키피아Principia》였다.

뉴턴은 그 혜성이 한번 스쳐 지나가는 이방인이 아니라 정기적으로 되돌아오는 태양계의 한 식구라면서, 다음에 나타날 시점까지 예측했다(그의 이론으로 계산된 차기 출현 연도는 76년 후인 1758년이었는데, 실제로 1758년 크리스마스에 혜성이 다시 나타남으로써 뉴턴과 핼리의 명성은 더욱 굳건해졌다).

뉴턴이 발견한 운동 및 중력이론은 기존의 운동법칙을 하나의 원리로 묶은 최초의 통일이론이자, 인간의 지적 능력이 낳은 최고의 산물이다. 18세기 영국의 시인 알렉산더 포프는 뉴턴에 대한 존경을 담아 다음과 같은 시를 남겼다.

자연의 법칙은 어둠 속에 묻혀 있었다.
그러나 "뉴턴이 있으라!"는 신의 한마디에
모든 것이 환하게 드러났다.

요즘도 NASA의 과학자들은 뉴턴의 법칙에 전적으로 의존하여 우주탐사선의 궤적을 계산하고 있다.

대칭이란 무엇인가?

뉴턴의 중력법칙(만유인력법칙)은 회전대칭성을 갖고 있다. 즉, 중력을 표현한 방정식은 물리계를 회전시켜도 변하지 않는다. 지구를 에워싸고 있는 거대한 구球, sphere를 상상해보자. 중력은 구면 위의 모든 점에서 똑같은 세기로 작용한다. 지구가 구형인 것도 바로 이런 이유 때문이다. 지구가 처음 형성되던 무렵에 중력이 지구를 균일하게 압축시켰기 때문에 구형이 된 것이다. 다른 별과 행성들도 마찬가지다. 우주 어디를 뒤져봐도 정육면체나 피라미드 모양을 한 천체는 존재하지 않는다(대부분의 소행성은 특정한 형태가 없는 부정형인데, 이것은 소행성의 중력이 너무 약해서 압력이 균일하게 작용하지 않았기 때문이다).

대칭은 단순하고 우아하면서 다분히 직관적인 개념이다. 앞으로 이 책을 읽다보면 대칭이 이론에 추가된 장식품이 아니라, 우주를 관장하는 심오한 원리임을 알게 될 것이다.

그런데 방정식에 대칭이 존재한다는 것은 대체 무슨 뜻일까?

어떤 대상을 재배열해도 변하지 않는 무언가가 존재할 때, 그 대상은 '대칭을 갖고 있다'고 말한다('대칭을 갖고 있다'와 '대칭적이다'라는 말은 동의어이다-옮긴이). 예를 들어 구球는 가운데를 중심으로 임의의 방향으로 회전시켜도 겉모습이 달라지지 않으므로 대칭적이다. 이것을 수학적으로 어떻게 표현할 수 있을까?

태양 주변을 공전하는 지구를 예로 들어보자(그림-2 참조). 지구가 움직이는 동안 궤도 반지름 R은 변하지 않는다 (실제로 지구의 공전궤도는 타원이기 때문에 R이 조금씩 변한다. 그러나 R이 일정하다고 가정해도 우리의 논리에는 별 지장이 없다). 임의의 순간에 지구의 위치는 두 개의 좌

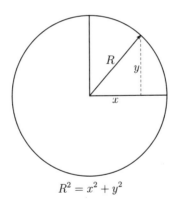

$$R^2 = x^2 + y^2$$

그림-2 지구가 태양 주변을 공전하는 동안 궤도 반지름 R은 달라지지 않는다. 지구의 위치를 나타내는 좌표 x, y는 매 순간 변하지만, R의 값은 항상 불변이다. 위 그림에 피타고라스의 정리를 적용하면 $x^2 + y^2 = R^2$이므로, R을 이용하여 표현된 뉴턴의 방정식은 (R이 불변이므로) 대칭적이며, 이 방정식을 x와 y로 표현해도 (피타고라스의 정리에 의해) 대칭을 갖고 있다.

표 x와 y로 표현된다. 지구가 움직일 때마다 x와 y의 값은 달라지지만, 궤도 반지름 R은 항상 같은 값을 유지한다. 즉, R은 불변량이다.

그러므로 뉴턴의 방정식이 이런 대칭성을 갖는다는 것은 지구가 공전하는 동안 지구와 태양 사이의 중력이 변하지 않는다는 것을 의미한다.[2] 좌표축을 바꿔도 법칙 자체는 달라지지 않는다. 태양-지구로 이루어진 물리계를 다른 각도에서 바라봐도 운동법칙과 지구의 궤적은 여전히 불변이다.

대칭의 개념은 앞으로 궁극의 이론을 논할 때마다 약방의 감초처럼 등장할 것이다. 실제로 대칭은 자연의 힘을 통일하는 데 반드시 필요한 도구 중 하나이다.

뉴턴의 법칙을 검증하다

뉴턴의 법칙은 세상에 알려진 후 수백 년 동안 다양한 분야에 걸쳐 사실로 확인되면서 과학과 사회에 지대한 영향을 미쳤다. 19세기에 천문학자들은 천왕성의 궤도가 완벽한 타원에서 조금 벗어나 있음을 발견하고 한동안 고민에 빠졌다. 뉴턴의 법칙이 틀린 것일까? 아니면 아직 발견되지 않은 다른 행성의 중력 때문에 정상적인 궤도에서 벗어난 것일까? 프랑스의 천문학자 위르뱅 르베리에는 뉴턴의 운동법칙이 옳다는 가정하에 새로운 행성의 위치를 계산했고, 이 행성은 1846년에 르베리에가 계산했던 위치로부터 1도 이내의 거리에서 발견되어 '해왕성'으로 명명되었다. 이것은 뉴턴의 운동법칙을 입증한 강력한 증거이자 '오직 수학 계산만으로 천체의 위치를 예측한' 최초의 사례이다.

앞서 말한 대로 우주에 존재하는 네 가지 힘이 하나씩 발견될 때마다 자연에 대한 이해가 더욱 깊어졌을 뿐만 아니라, 인류의 삶도 혁명적인 변화를 겪었다. 과학자들은 뉴턴의 법칙 덕분에 행성과 혜성의 비밀을 풀 수 있었으며, 여기서 탄생한 뉴턴역학은 현대의 고층빌딩과 제트엔진, 비행기, 기차, 교량, 잠수함, 로켓 등의 이론적 기초가 되었다. 1800년대에 물리학자들이 열의 정체를 규명할 때에도 뉴턴의 운동법칙이 결정적인 역할을 했다. 당시 과학자들은 열을 '물체에 골고루 퍼져 있는 유동체'로 간주했으나, 알고 보니 열이란 작은 공처럼 생긴 여러 개의 분자들이 끊임없이 움직이고 충돌하면서 나타나는 통계적 현상이었다. 두 개의 공이 충돌할 때 나타나는 현상은 뉴턴의 법칙으로 정확하게 계산할 수 있으며, 이 효과를 수조×조 개의 분자들에 대하여 모두 더하면 열의 특성이 정확하게 재현된다(예를 들어 풍선에 열을 가하면 그 속에 갇힌 기체 분자들의 속도가 빨라지면서 뉴턴의 법칙에 의해 풍선의 부피가 커진다).

그 후 공학자들은 이 계산에 기초하여 증기기관을 만들었다. 물을 증기로 바꿔서 피스톤을 움직이고, 바퀴를 돌리고, 레버를 들어올려서 일을 하는 데 필요한 석탄의 양을 계산할 때에도 뉴턴의 법칙은 여전히 유효했다. 1800년대에 증기시대가 도래한 후 한 사람의 노동자가 발휘할 수 있는 에너지는 수백 마력으로 급증했고, 증기기관차가 등장하면서 상품과 지식, 그리고 인구의 이동이 폭발적으로 증가했다.

산업혁명이 일어나기 전에 제조업자들은 대부분의 상품을 손으로 직접 만들었기 때문에 생산량이 적었고, 단순한 생필품도 노련한 장인의 손을 거쳐야 했다. 게다가 이들은 자신의 기술을 비밀로 유지하면서 지역 시장을 독점했기 때문에, 서민들이 물건을 구입하려면 대체로 큰돈을 지불해야 했다. 그러나 증기기관 덕분에 대량생산이 가능해지면서 물건값이 크게 떨어졌고, 국가의 부富와 서민들의 생활수준은 이전과 비교가 안 될 정도로 높아졌다.

나는 학교에서 공대생들에게 뉴턴의 운동법칙을 가르칠 때 따분한 방정식보다 현대문명에 미친 영향을 강조하는 편이다. 뉴턴이 없는 현대문명은 상상조차 할 수 없기 때문이다. 그리고 1940년에 미국 워싱턴주의 타코마 다리

Tacoma Narrows Bridge가 붕괴되는 동영상을 보여주면서 뉴턴의 법칙을 잘못 적용했을 때 나타나는 부작용을 설명하기도 한다.

뉴턴의 법칙은 하늘과 땅의 물리학을 하나로 통일함으로써 최초의 기술혁명을 이끌었다.

전기와 자기의 신비

뉴턴의 운동법칙이 알려진 후 전기와 자기의 비밀이 밝혀질 때까지는 200년의 세월을 더 기다려야 했다.

자석의 특성은 고대인들도 알고 있었다. 고대 중국인들은 자석을 이용한 지남거指南車('남쪽을 향하는 수레'라는 뜻 – 옮긴이)를 발명하여 방향을 찾는 데 사용했다. 그러나 전기는 고대인들에게 공포의 대상이었다. 그들은 하늘에서 번개가 칠 때마다 신이 노하여 인간에게 벌을 준다고 생각했다.

전기와 자기의 물리적 특성을 최초로 간파한 사람은 마이클 패러데이였다. 가난한 대장장이의 아들로 태어난 그는 어린 시절에 정규교육을 받지 못하고 제본소의 견습공으로 생계를 이어가다가 스물한 살 때 런던 왕립연구소의 조수로 취직했다(패러데이는 제본소에서 과학서적을 만들 때마다 내용을 완전히 독파하여 전문가 못지않은 식견을 갖고 있었다 – 옮긴이). 당시만 해도 신분이 낮은 사람은 학교에서도 바닥을 쓸거나 실험도구를 닦는 등 허드렛일을 하는 경우가 많았는데, 청년 패러데이는 열정과 실력을 인정받아 몇 년 후부터 자신만의 실험을 할 수 있었다.

그로부터 얼마 지나지 않아 패러데이는 전자기학 분야에서 역사에 길이 남을 위대한 발견을 하게 된다. 자석을 고리형 전선 안에서 움직였더니 전선에 전류가 흐른 것이다! 당시는 전기와 자기의 관계가 전혀 알려지지 않았던 시대였기에, 그 여파는 상상을 초월했다. 여기서 영감을 얻은 패러데이는 후속 의문을 떠올렸다. '전기장electric field에 변화를 주면 자기장magnetic field이 생성되지 않을까?' 그의 짐작은 옳았다. 변하는 전기장은 분명히 자기장을 생성하고 있었다.

패러데이는 다양한 후속 실험을 통해 전기와 자기가 동전의 양면처럼 서로 밀접하게 관련된 현상임을 알아냈다. 거대한 수력발전소와 황홀한 도시의 야경은 바로 이 발견에서 비롯된 것이다[수력발전소의 댐에서 떨어지는 물이 바퀴를 돌리면 거대한 자석이 함께 돌면서 전선 속의 전자를 밀어내고, 이 전자가 가정에 설치된 전구의 소켓으로 이동하여 빛을 발한다(사실은 전자 자체가 이동하는 것이 아니라, 전자의 에너지가 이동한다 - 옮긴이). 이와 반대로 진공청소기는 전기장을 자기장으로 바꾸는 장치이다. 벽에 있는 소켓에서 흘러나온 전류가 자석을 회전시키면 흡입펌프가 작동하여 먼지를 빨아들인다].

그러나 정규교육을 받지 못한 패러데이는 자신이 발견한 내용을 수학으로 표현할 수 없었기에, 거미줄처럼 생긴 역선力線, line of force을 이용하여 자석 주변에 형성되는 자기장을 그림으로 표현했다. 그렇다. 패러데이는 모든 물리학의 핵심인 장場, field의 개념을 처음으로 도입한 사람이다. 역선으로 이루어진 장은 공간 전체에 퍼져 있다. 모든 자석은 자기력선으로 에워싸여 있으며, 지구의 자기장은 북극에서 나와 남극으로 들어간다(자기력선이 들어가고 나오는 방향은 순전히 편의를 위해 정한 것이다. 북극-N극과 남극-S극을 바꿔도 이론에는 아무런 지장이 없다－옮긴이). 뉴턴이 발견한 중력도 장으로 표현된다. 지구가 태양 주변을 공전하는 것은 태양이 만든 중력장을 따라 움직이고 있기 때문이다.

과학자들은 패러데이의 장론場論, field theory 덕분에 지구에 자기장이 생기는 이유도 설명할 수 있었다. 지구는 팽이처럼 자전하고 있으므로, 지구 내부의 하전입자(전하를 띤 입자－옮긴이)들이 지구의 중심축 주변을 선회하면서 자기장을 만들어낸다(그러나 미스터리는 여전히 남아 있다. 막대자석의 내부에서는 하전입자가 움직이지 않는데 어떻게 자기장이 형성되는 것일까? 이 문제는 나중에 다루기로 한다). 우주에 존재하는 모든 힘들은 패러데이가 도입한 장의 언어로 표현된다.

영국의 물리학자 어니스트 러더퍼드는 전기시대의 서막을 열었던 패러데이의 업적이 "인류 역사상 가장 위대한 과학적 발견"이라고 했다.

패러데이는 그 시대에 드물게 일반인과 어린이들을 위해 적극적으로 강연을 펼친 과학 전도사이기도 했다. 그는 매해 크리스마스 시즌이 되면 런던 왕립학회 건물에 일반 대중을 초대하여 전기 도구를 이용한 '매직 쇼'를 보여주곤 했다. 예를 들면 금속 박막으로 덮인 커다란 상자(오늘날 이것을 '패러데이 새장'이라 부른다) 안에 패러데이가 들어간 후 박막에 고압전류를 흘려보내는 식이다. 상자를 절연체로 만들면 전기장이 금속박막을 타고 퍼지기 때문에 그 안에 들어간 패러데이에게는 아무런 일도 일어나지 않는다. 즉, 상자 내부의 전기장은 0이다. 이 현상은 지금도 전자레인지(마이크로파 오븐)를 비롯한 가전제품의 표면 전류를 방지하는 데 사용되고 있다. 비행기도 기본적으로 패러데이 새장의 역할을 하도록 설계되었기 때문에, 비행 중 번개에 얻어맞아도 멀쩡하게 날아갈 수 있다(내가 진행했던 TV 과학 프로그램에서도 이와 비슷한 실험을 한 적이 있다. 그때 스태프들은 나를 보스턴 과학박물관에 보관된 패러데이 새장 안에 집어넣고 200만 볼트의 전기를 흘려보냈는데, 무시무시한 스파크와 깨지는 듯한 소음이 한껏 공포 분위기를 조성했지만 나는 멀쩡하게 살아남았다).

맥스웰 방정식

뉴턴은 미적분학으로 서술되는 '힘' 때문에 물체가 움직인다고 했다. 그 후 패러데이는 '장' 때문에 전기현상이 나타난다고 주장했으나, 장을 제대로 연구하려면 '벡터 미적분학'이라는 새로운 수학이 필요했다. 이 분야를 개척한 사람이 바로 케임브리지의 수학자 제임스 클러크 맥스웰이다. 그러니까 케플러와 갈릴레이가 뉴턴 물리학의 기초를 닦은 것처럼, 패러데이는 맥스웰 방정식의 기초를 닦아놓은 셈이다.

맥스웰은 물리학의 도약을 견인한 수학의 거장이었다. 그는 패러데이가 발견한 전기와 자기의 특성이 수학이라는 언어를 통해 깔끔하게 요약될 수 있음을 간파했다. 앞서 말한 대로 움직이는(또는 변하는) 자기장은 전기장을 생성하고, 움직이는(또는 변하는) 전기장은 자기장을 생성한다.

맥스웰은 전기장과 자기장의 관계를 파고들다가 현대물리학의 역사를 바꿀 중요한 질문을 떠올렸다. 변하는 전기장이 자기장을 만들었는데, 이 자기장이 또 다른 전기장을 만들고, 이 전기장이 또 다른 자기장을 만들고… 이런 식으로 계속된다면 어떤 결과가 초래될 것인가? 그는 탁월한 통찰력을 발휘하여 '이런 식의 상생 과정이 여러 차례 반복되면 전기장과 자기장이 끊임없이 뒤바뀌는 파동이 될 것'이라고 결론지었다. 즉, 상생 과정이 반복되다 보면 '전기장과 자기장의 진동'으로 이루어진 파동이 생성되어 혼자 힘으로 나아간다는 뜻이다.

벡터 미적분학을 이용하여 이 파동의 속도를 계산해보니 약 310,740km/s라는 값이 얻어졌다. 맥스웰은 계산을 직접 수행했음에도 불구하고 눈이 휘둥그레졌다. 이 값은 그 무렵에 알려진 빛의 속도와 오차범위 안에서 거의 정확하게 일치했기 때문이다(현재 알려진 빛의 속도는 299,792km/s이다). 그리하여 맥스웰은 '빛은 곧 전자기파이다!'라는 과감한 주장을 펼치게 된다.

맥스웰은 이 내용을 다음과 같이 요약했다. "모든 실험 결과를 종합해볼 때, 빛은 전기 및 자기 현상을 일으키는 물질에서 방출된 횡파transverse wave로 이루어져 있음이 분명하다."[3]

오늘날 대학교의 물리학과 학생들과 산업현장에서 일하는 공학자들은 맥스웰의 방정식을 달달 외워야 한다. TV

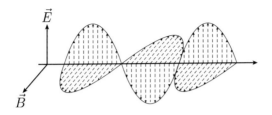

그림-3 전기장과 자기장은 동전의 양면과 같은 관계이다. 전기장과 자기장은 서로 상대방으로 변환되면서 파동의 형태로 이동하고 있는데, 이것을 전자기파라 한다. 맥스웰은 '빛=전자기파'라는 사실을 알아냄으로써 전기시대의 서막을 열었다.

와 레이저, 발전기 등 전기와 관련된 현대문명의 이기는 이 방정식의 산물이라 해도 과언이 아니다.

　패러데이와 맥스웰이 전기와 자기를 하나로 통일할 수 있었던 것은 이들이 수학적으로 대칭적인 관계에 있기 때문이다. 맥스웰의 방정식에는 '이중성duality'이라는 대칭이 존재한다. 즉, 빛(전자기파)에 포함된 전기장을 E라 하고 자기장을 B라 했을 때, E와 B를 맞바꿔도 맥스웰의 방정식은 달라지지 않는다. 이런 이중성이 존재한다는 것은 전기와 자기가 동일한 힘의 두 가지 측면임을 의미한다. 맥스웰은 E와 B 사이의 대칭을 이용하여 전기와 자기를 통일했고, 그 덕분에 19세기 과학은 위대한 도약을 이룰 수 있었다.[4]

물리학자들은 맥스웰의 발견에 완전히 매료되었다. 문제는 맥스웰이 예견한 파동을 실험실에서 발견하는 것이었는데, 1886년에 독일의 물리학자 하인리히 헤르츠가 실험에 성공하여 베를린상을 받았다(당시는 노벨상이 제정되기 전이었다 – 옮긴이).

헤르츠는 자신의 실험실 한구석에서 스파크를 일으킨 후 몇 미터 떨어진 곳에 설치된 코일coil(전선을 고리 모양으로 돌돌 감아놓은 것 – 옮긴이)에 전류가 흐르는 것을 확인했다. 미지의 파동이 아무런 도구 없이 공간을 가로질러 전달된 것이다. 이 새로운 현상은 훗날 라디오radio로 불리게 된다. 그 후 1894년에 이탈리아의 발명가 굴리엘모 마르코니가 새로운 통신수단을 세상에 공개했다. 그의 발명품을 이용하면 임의의 메시지를 대서양 건너편으로 보낼 수 있었다. 그것도 광속으로!

지금 우리는 라디오 덕분에 초고속 장거리 무선통신을 편리하게 사용하고 있지만, 통신체계가 없던 시대에는 여러 가지로 어려운 점이 많았다(기원전 490년, 그리스와 페르시아의 마라톤 전투에서 그리스가 이겼을 때, 한 전령이 스파르타까지 240km를 달린 후 다시 아테네까지 42km를 달려와 승전보를 전하고 완전히 탈진하여 그 자리에서 숨졌다. 장거리 통신이 없던 시절에 그가 보여준 영웅적

행동은 현대 올림픽의 마라톤이라는 육상 종목으로 되살아났다).

지금 우리는 에너지 변환을 이용한 범지구적 장거리 통신 체계를 당연하게 여기며 살아가고 있다. 예를 들어 휴대폰의 마이크에 대고 말을 하면 소리에너지가 진동판의 역학적에너지(진동에너지)로 변한다. 진동판은 자석에 부착되어 있어서 소리에너지에 의해 진동하기 시작하면 펄스 형태의 전류가 생성되고, 이로부터 발생한 전자기파가 근처에 있는 송신탑에 도달하면 메시지가 증폭되어 지구 전역으로 배달되는 식이다.

맥스웰의 방정식은 라디오, 휴대전화, 광섬유 케이블을 이용한 무선통신의 시대를 열었을 뿐만 아니라, 가시광선과 라디오파를 모두 포함하는 '전자기파 스펙트럼'의 실체를 규명함으로써, 오랜 세월 동안 미스터리로 남아 있던 빛의 특성을 이해하는 데 결정적 역할을 했다. 1660년대에 뉴턴은 백색광을 프리즘에 통과시키면 무지개 색으로 분해된다는 사실을 알아냈고, 1800년에 영국의 천문학자 윌리엄 허셜은 무지개 색을 넘어서는 중요한 질문을 떠올렸다. '무지개의 붉은색과 보라색 바깥에는 어떤 색이 존재하는가?' 그는 실험실에 설치된 프리즘에 빛을 통과시키고 붉은색을 벗어난 지점에 온도계를 설치해놓았는데, 잠시

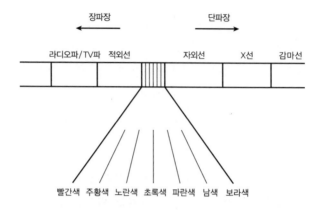

그림-4 전자기파는 라디오파에서 감마선에 이르는 넓은 영역에 걸쳐 존재하지만, 대부분은 사람의 눈에 보이지 않는다. 우리 눈은 망막세포의 크기 때문에 무지개 색에 해당하는 가시광선만 볼 수 있다.

후 온도계의 눈금이 올라가기 시작했다. 눈으로 보기에는 빛이 도달한 흔적이 전혀 없는데, 그곳에도 에너지가 전달되고 있었던 것이다. 훗날 이 빛은 '붉은색red 뒤에 숨어 있는infra 빛'이라는 뜻의 적외선infrared으로 불리게 된다.

오늘날 우리는 가시광선이 전자기파 스펙트럼의 극히 일부이며, 대부분은 눈에 보이지 않는다는 사실을 잘 알고 있다. 라디오파와 TV파의 파장은 가시광선의 파장보다 훨씬 길고, 가시광선의 파장은 자외선ultraviolet과 X선의 파장보다 훨씬 길다.

다시 말해서, 우리 눈에 보이는 현실이 실체의 극히 일부에 불과하다는 뜻이다. '눈으로 볼 수 있는 빛'이란 뜻의 가시광선可視光線은 인간을 기준으로 붙인 이름일 뿐, 자연에는 가시광선의 영역이 사람보다 넓은 동물도 많다. 예를 들어 벌은 자외선을 볼 수 있어서 흐린 날에도 태양이 떠 있는 방향을 쉽게 찾아간다. 그런데 꽃이 수분受粉을 하려면 벌의 도움이 반드시 필요하기 때문에, 벌을 유혹하기 위해 자외선 색상으로 자신을 치장하고 있다. 우리 눈에는 꽃의 색상이 단순해 보이지만, 자외선 카메라로 찍으면 꽃 잎의 가장자리에서 암/수술이 있는 곳까지 이어지는 선명한 줄무늬를 볼 수 있다(이 줄무늬는 암/수술이 꽃의 깊은 곳에 숨어 있는 일부 종에 한하여 나타난다 – 옮긴이).

어린 시절, 나는 가시광선에 대한 이야기를 처음 듣고 이런 의문을 떠올렸다. '사람은 전자기파의 극히 일부밖에 못 본다는데, 나머지 광선(빛)은 왜 있는 걸까? 그거 아주 심한 낭비 아닌가?' 우주가 오직 인간만을 위해 존재한다면 낭비일 수도 있다. 그러나 실제 우주는 인간이라는 존재에 아무런 관심도 없으며, 전자기파의 파장은 그것을 만들어낸 안테나의 크기에 따라 좌우될 뿐이다. 예를 들어 당신이 갖고 다니는 휴대전화의 크기는 신호 송수신용 전자기파의 파장과 비슷하면 되기 때문에 몇 인치로 충분하고, 망막에 있는 시세포의 크기는 가시광선의 파장과 비슷하다. 즉, 우리는 전자기파 중에서 파장이 시세포의 크기와 비슷한 것만 볼 수 있다. 그 외의 전자기파는 파장이 시세포보다 지나치게 크거나 작기 때문에 보이지 않는다. 인간의 시세포가 집채만큼 크다면 사방에 퍼져 있는 라디오파와 마이크로파를 볼 수 있을 것이며, 시세포가 원자만큼 작다면 X선이 보일 것이다.

지구 전체에 전기를 공급할 수 있게 된 것도 맥스웰의 방정식 덕분이다. 에너지원인 석유와 석탄을 운반하려면 기차나 배에 싣고 먼 거리를 이동해야 하지만, 전기에너지는 스위치 하나만 누르면 전선을 타고 도시 전체로 순식간에 운반된다.

이 편리한 에너지 공급 체계를 구축한 사람은 전기시대의 두 거인 토머스 에디슨과 니콜라 테슬라였다. 에디슨은 전구와 동영상 촬영기, 축음기, 수신용 테이프ticker tape 등 수백 개의 특허를 보유한 발명의 천재이자, 맨해튼의 펄스트리트에 회사를 설립하여 인류 역사상 최초로 전기를 상품화한 사업가이기도 하다.

에디슨의 전기사업은 과학사학자들 사이에서 '기술의 두 번째 혁명'으로 평가될 정도로 현대문명에 지대한 영향을 미쳤다.

에디슨은 전기를 공급하는 수단으로 직류direct current (DC)를 택했다. 직류는 전류가 항상 한쪽 방향으로만 흐르며, 도중에 전압을 올리거나 내릴 수 없다. 그러나 한때 에디슨의 부하 직원이자 장거리 통신의 기초를 닦았던 테슬라는 직류 대신 흐르는 방향이 1초당 약 60번 바뀌는 교류alternating current(AC)를 사용해야 한다고 주장했다. 에디슨과 의견 충돌로 회사를 떠난 테슬라는 조지 웨스팅하우스가 운영하는 교류전기 회사에 스카우트되었고, 이때부터 에디슨의 직류와 테슬라의 교류는 자신의 회사와 전기 문명의 미래를 좌우할 세기적 전쟁을 벌이게 된다.

에디슨은 수많은 발명품으로 현대문명에 기여한 천재였지만, 정규교육을 받지 못하여 맥스웰 방정식을 이해하지 못했다(에디슨의 학력은 초등학교를 3개월 다닌 것이 전부이다 - 옮긴이). 훗날 그는 이것 때문에 매우 값비싼 대가를 치르게 된다. 평소에도 그는 수학에 능통한 과학자들을 비웃곤 했다(세간에는 다음과 같은 일화가 전설처럼 전해지고 있다. 에디슨이 고용한 과학자가 전구의 부피를 계산하기 위해 복잡한 수학과 씨름을 하고 있는데, 어느 날 에디슨이 나타나 전구에 물을 부은 후 그것을 다시 비커에 붓고 눈금을 읽어서 간단하게 해결했다).

직류전기가 송전선을 타고 수 킬로미터 이동하면 상당

한 에너지 손실이 발생한다. 전압이 높으면 손실률을 줄일 수 있지만 수천, 수만 볼트짜리 전기를 일반 가정에 공급하면 사고가 나기 십상이다. 그러므로 직류 사업을 하려면 처음부터 낮은 전압의 전기를 공급해야 하고, 이로부터 발생하는 낭비를 감수해야 한다. 에디슨에게 고용된 공학자들은 이 사실을 잘 알고 있었다. 반면에 테슬라의 교류를 채택하면 처음부터 발전소에서 고압전류를 전송하여 손실을 줄이고, 최종 소비자에게 도달하기 전에 전압을 낮춰서 사고를 막을 수 있다. 이 일을 수행하는 장치가 바로 변압기transformer이다.

앞서 말한 대로 자석이 움직이면(즉, 자기장이 변하면) 전기장이 생성되고, 전선이 움직이면(전기장이 변하면) 자기장이 생성된다. 이 사실을 이용하면 빠른 시간 안에 전선의 전압을 바꾸는 변압기를 만들 수 있다. 예를 들어 발전소에서 수천 볼트의 전기를 생산하여 송전선을 통해 배달하면, 도시 외곽에 있는 변전소에서 110볼트(또는 220볼트)로 낮춰서 일반 가정이나 공장으로 보내는 식이다.

그러나 전기장과 자기장이 일정한 직류는 이런 식으로 전압을 바꿀 수 없다. 교류전기는 전기장과 자기장이 수시로 변하기 때문에 전기장을 자기장으로, 또는 자기장을 전기장으로 쉽게 바꿀 수 있다. 즉, 교류는 변압기를 이용한

승압 및 강압이 가능하다. 그러나 전류의 값이 일정한 직류에는 '변압'이라는 과정을 적용할 수 없다.

결국 에디슨은 교류와 직류의 전류전쟁에 패하면서 막대한 손실을 입었다. 이 모든 것은 맥스웰의 방정식을 무시한 대가였다.

종착점에 도달한 과학?

맥스웰의 방정식과 뉴턴의 운동법칙은 자연의 신비를 풀고 경제적 번영을 가져다주었을 뿐만 아니라, 과학자들 사이에서 매우 그럴듯한 '만물의 이론'으로 수용되었다(적어도 그 당시에는 만물의 이론이었다).

1900년에 세계적으로 유명한 과학자들은 '필요한 것은 모두 발견되었고, 이제 남은 일은 관측값의 정확도를 높이는 것뿐'이라며 과학이 종착점에 도달했음을 공개적으로 선언했다.

그러나 당시 과학자들은 뉴턴의 운동방정식과 맥스웰의 방정식이 서로 모순된다는 사실을 모르고 있었다.

물리학을 떠받치는 두 개의 기둥 중 하나는 폐기되거나 대대적으로 수정되어야 했다. 그리고 이 문제의 해결책은 맥스웰이 사망하던 1879년에 태어난 열여섯 살짜리 소년이 쥐고 있었다.

2

통일을 향한
아인슈타인의 여정

THE GOD EQUATION

아인슈타인은 10대 소년 시절에 20세기 물리학의 운명을 좌우하게 될 질문을 떠올렸다.

'빛을 따라잡을 수 있을까?'

훗날 그는 상대성이론을 완성한 후 '이론의 핵심은 소년 시절에 떠올린 질문에 담겨 있었다'고 했다.

어린 시절에 아인슈타인은 아론 베른슈타인의 《대중을 위한 자연과학Popular Books on Natural Science》을 읽은 적이 있다. 이 책에서 저자는 '전선을 흐르는 전류와 나란히 달리는 자신의 모습을 상상해보라'고 권했는데, 소년 아인슈타인은 경주 상대로 전류 대신 빛을 택한 것이다. 그는 빛과 머리를 나란히 놓고 같은 속도로 달리면 뉴턴이 말한 대로 빛의 선단先端이 마치 한 자리에 정지해 있는 것처럼 보여야 한다고 생각했다.

그러나 열여섯 살의 아인슈타인은 '얼어붙은 빛'을 본 사람이 이 세상 어디에도 없다는 사실을 떠올렸다. 그런 사례가 없다는 것은 논리 자체에 무언가가 누락되어 있음을 뜻한다. 이 질문은 향후 10년 동안 그의 뇌리에 남아 있었다.

　　주변 사람들은 아인슈타인을 낙오자로 취급했다. 그는 뛰어난 학생이었지만, 교수들은 그의 자유분방한 성격을 별로 좋아하지 않았다. 그는 교과과정의 대부분을 이미 터득하고 있었기에 지도교수가 강의하는 과목조차 수강신청을 하지 않았고, 여기에 불만을 품은 지도교수가 추천서를 무성의하게 써주는 바람에 졸업 후에 마땅한 일자리를 얻지 못했다. 박사과정을 같이 졸업한 다른 친구들은 줄줄이 대학교수가 되었는데, 혼자 처량한 실업자로 남은 것이다. 아인슈타인은 생계를 잇기 위해 기숙학교 임시교사로 취직했다가 고용주와의 불화로 해고되었다. 절망에 빠진 그는 갓 태어난 아이와 여자친구(그는 결혼을 하지 않은 상태에서 딸을 얻었다 - 옮긴이)를 위해 보험외판원으로 취직할 생각까지 했다고 한다(어느 날 당신 집 현관 앞에 불쑥 나타나 새로 출시된 생명보험을 열심히 홍보하는 아인슈타인… 상상이 가는가?). 그는 한동안 실업자로 전전긍긍하면서 자신이 '집안의 수치'라고 생각했다. 그 무렵 친구에게 보낸 편지에는 다음과 같이 적혀 있다. "나는 가족에게 짐만 될 뿐이야… 차라리 태어나지 않는 게 좋을 뻔했어."[1]

결국 아인슈타인은 대학 동문의 소개를 받아 베른 특허청의 3급 심사관으로 취직하게 된다. 그의 학력과 실력에 비하면 하찮은 직장이었지만, 결론적으로는 '아주 축복 받은 위장취업'이었다. 아무도 방해하지 않는 조용한 사무실에서 자신에게 주어진 업무를 오전 중에 끝내고, 남은 시간에는 어린 시절부터 품어왔던 질문의 답을 추적할 수 있었기 때문이다. 바로 이곳에서 아인슈타인은 현대물리학을 송두리째 뒤엎을 혁명적인 연구에 착수했다.

아인슈타인은 취리히 연방 공과대학생 시절에 맥스웰의 방정식을 처음으로 접하고 다음과 같은 질문을 떠올렸다. '빛의 속도로 달리면 어떻게 될까?' 놀랍게도 그 전에는 이런 질문을 제기한 사람이 아무도 없었다. 그는 맥스웰의 방정식을 이용하여 기차처럼 움직이는 물체에서 발사된 빛의 속도를 계산해보았다. 지면에 서 있는 사람이 볼 때, 이 빛의 속도는 원래 빛의 속도에 기차의 속도를 더한 값으로 보여야 할 것 같다. 뉴턴의 고전역학에 의하면 당연히 그래야 한다. 예를 들어 당신이 기차를 타고 가면서 진행 방향으로 야구공을 던진다면, 지면에 서 있는 사람이 볼 때 야구공은 당신이 던진 속도에 기차의 속도를 더한 속도로 나아간다. 만일 야구공을 기차가 가는 방향의 반대

방향으로 던졌다면, 지면에 서 있는 사람이 볼 때 야구공은 당신이 던진 속도에서 기차의 속도를 뺀 속도로 뒤쪽을 향해 날아갈 것이다. 그러므로 빛과 같은 속도로 내달리면 빛은 그 자리에 정지한 것처럼 보여야 한다.

그런데 아인슈타인이 직접 계산을 해보니, 관측자가 빛과 같은 속도로 경주를 한다 해도 빛은 한 자리에 멈추지 않고, 관측자에 대하여 여전히 광속으로 나아간다는 결론이 얻어졌다. 물론 뉴턴역학에 의하면 말도 안 되는 소리다. 충분히 빠른 속도로 나아가면 누구든지 빛을 따라잡을 수 있는데 관측자가 바라보는 빛의 속도가 항상 똑같다니, 지나가는 멍멍이가 웃을 일이다. 그러나 맥스웰의 방정식은 '당신이 아무리 빠르게 내달려도 절대로 빛을 따라잡을 수 없으며, 당신 눈에 보이는 빛의 속도는 항상 똑같다'고 단언하고 있었다.

이것은 아인슈타인에게 매우 의미심장한 결과였다. 뉴턴과 맥스웰이 모두 옳을 수는 없다. 둘 중 하나는 수정되어야 한다. 빛을 절대로 따라잡을 수 없다니, 대체 이게 무슨 뜻일까? 그는 특허청 사무실의 책상 앞에 앉아 이 질문을 생각하면서 많은 시간을 보냈다. 그리고 마침내 1905년의 어느 봄날, 그는 베른으로 가는 기차 안에서 과학의 역사를 바꿀 아이디어를 떠올렸다. 나중에 그는 이날을 회상

하며 "마음속에 폭풍이 몰아치는 것 같았다"고 했다.[2]

아인슈타인의 해결책은 다음과 같다. 빛의 속도를 재려면 시간을 측정하는 시계와 공간을 측정하는 자[尺]가 있어야 한다. 그러므로 내가 아무리 빠르게 내달려도 빛의 속도가 항상 똑같으려면, 내가 바라보는 시간과 공간이 그만큼 달라져야 한다!

이는 곧 빠르게 날아가는 우주선 안에 탑재된 시계는 지구의 시계보다 느리게 간다는 것을 의미한다. 즉, **당신이 빠르게 움직일수록 당신의 시계는 느리게 간다**(다른 관측자가 볼 때 그렇다는 뜻이다-옮긴이). 이것은 아인슈타인의 특수상대성이론으로부터 예측 가능한 현상이다. 그러므로 "지금 몇 시입니까?"라는 질문의 답은 당신의 이동속도에 따라 달라진다. 광속에 가까운 속도로 날아가는 우주선의 내부를 지구에서 망원경으로 바라본다면, 모든 것이 슬로모션처럼 보일 것이다. 또한 우주선을 포함하여 그 안에 들어 있는 모든 물체는 진행 방향으로 길이가 짧아지고, 모든 질량은 증가한다. 그런데 놀랍게도 우주선에 탑승한 우주인은 이런 변화를 전혀 눈치채지 못한다. 그가 볼 때 시간은 정상적인 빠르기로 흐르고, 모든 물체의 길이도 정상이며, 질량도 지구에서 잰 값과 똑같다.

훗날 아인슈타인은 자신에게 가장 큰 도움을 준 이론으

로 맥스웰의 전자기학을 꼽았다.[3] 현대문명의 이기를 이용하면 속도가 빠를 때 나타나는 현상을 어렵지 않게 확인할 수 있다. 비행기에 원자시계를 설치해놓고 지상에 있는 시계와 비교하면 비행기의 시계가 느리게 간다. 단, 비행기의 속도는 광속과 비교가 안 될 정도로 느리기 때문에 두 시계의 오차는 1조분의 1초보다 작다(두 시계를 비행기에서 비교하면 지상에 있는 시계가 느리게 간다. 특수상대성이론에 의하면 두 관측자가 서로에 대하여 움직이고 있을 때에는 상대방의 시계가 자신의 시계보다 느리게 간다 – 옮긴이).

시간과 공간이 변한다면, 물질과 에너지를 포함하여 당신이 측정할 수 있는 모든 것도 변해야 한다. 예를 들어 당신이 빠르게 움직일수록 체중은 증가한다. 그런데 이 초과 질량은 대체 어디서 온 것일까? 움직이는 동안 아무것도 먹지 않았다면, 초과 질량의 출처는 바로 운동에너지이다. 이는 곧 운동에너지의 일부가 질량으로 변환되었음을 의미한다.

질량과 에너지는 그 유명한 $E=mc^2$을 통해 서로 연결되어 있다. 즉, 질량과 에너지는 달러와 원화처럼 서로 호환 가능한 양이다. 앞으로 알게 되겠지만, 이 방정식은 과학 역사상 가장 심오한 질문의 답을 제공해주었다. 태양은 왜 밝게 빛나는가? 태양의 내부에서 핵융합 반응이 일어나고 있기 때문이다. 다량의 수소 원자들이 초고온 상태에 놓이면 압력이 커지면서 서로 융합하여 헬륨 원자로 변하고, 이 과정에서 찌꺼기처럼 남은 질량이 $E=mc^2$을 통해 에너지로 변환되는 것이다.

'통일'은 우주를 이해하는 핵심 개념이다. 상대성이론은 시간과 공간을 통일하고, 질량과 에너지를 통일했다. 이토록 이질적인 양들을 대체 어떻게 통일할 수 있었을까?

대칭의 미학

아름다움은 시인과 예술가들에게 속세를 초월한 감정을 자극하여 대작을 낳게 하는 원동력이다.

물리학자는 대칭에서 아름다움을 느낀다. 대칭적인 방정식은 아름답다. 방정식의 각 요소들을 재배열하거나 이리저리 뒤섞어도 방정식의 형태가 변하지 않으면, 거기에는 매우 심오한 진리가 담겨 있을 가능성이 매우 크다. 즉, 물리학자가 가한 변환에 대하여 방정식이 불변이면, 그 방정식은 해당 변환에 대하여 대칭적이다. 만화경을 예로 들어보자. 그 안에서는 색상을 띤 작은 조각들이 무작위로 움직이고 있지만, 거울에 반사되어 항상 대칭적인 형태로 나타나기 때문에 언제 봐도 신기하고 아름답다. 사람들이 대칭에서 아름다움을 느끼지 않았다면 만화경은 애초부터 만들어지지도 않았을 것이다. 만화경은 혼돈에 가까운 움직임을 아름다운 대칭으로 바꿔주는 장치이다.

눈의 결정이 아름답게 보이는 것도 대칭을 갖고 있기 때문이다. 이들은 육각형 대칭이어서, 가운데를 중심으로 60도 회전시켜도 모양이 변하지 않는다. 구球는 더 높은 대칭성을 갖고 있다. 구의 가운데를 중심으로 임의의 방향, 임의의 각도로 회전시켜도 모양이 변하지 않는다. 즉, 구는 임의의 회전변환에 대하여 대칭적이다. 물리학자는 방정식의 요소들을 이리저리 재배열해도 방정식의 형태가 달라지지 않을 때 최상의 아름다움을 느낀다. 간단히 말해서, 대칭적인 방정식은 아름답다. 영국의 수학자 하디는 이렇게 말했다. "화가의 색상과 시인의 단어가 그렇듯이, 수학자가 다루는 패턴도 **아름다워야** 한다. 하나의 예술작품에서 색과 단어가 조화를 이루는 것처럼, 수학적인 아이디어도 조화롭게 맞아 들어가야 한다. 그러므로 올바른 수학이론을 걸러내는 첫 번째 기준은 아름다움이다. 너저분한 수학이 설 자리는 어디에도 없다."[4] 그가 말한 아름다움이란 바로 대칭을 의미한다.

앞에서 우리는 태양과 지구에 뉴턴의 중력법칙을 적용했을 때 지구의 궤도 반지름이 일정하다는 사실을 논한 바 있다. 지구의 좌표 x와 y는 수시로 변하지만, 반지름 R은 변하지 않는다.

당신이 지구 표면의 임의의 점에 서 있다고 상상해보자. 이 위치를 3차원 좌표로 나타내려면 세 개의 좌표 x, y, z가 필요하다(그림-5 참조). 이곳에서 당신이 임의의 방향으로 걸어가도 중심으로부터의 거리 R은 변하지 않는다. 여기에 피타고라스 정리의 3차원 버전을 적용하면 $R^2 = x^2 + y^2 + z^2$의 관계가 성립한다.●

아인슈타인의 방정식에서 공간을 시간으로, 그리고 시간을 공간으로 회전시켜도 방정식의 형태는 달라지지 않는다. 이는 곧 3차원 공간이 1차원 시간 t와 결합하여 4차원 시공간으로 확장되었음을 의미한다(즉, 시간이 네 번째 차원에 해당한다).[5] 아인슈타인은 $x^2 + y^2 + z^2 - t^2$ (시간 t는 특별한 단위로 표기됨)이 불변량임을 증명했는

● $z = 0$으로 잡으면 구는 이전처럼 $x-y$ 평면에 놓인 2차원 원이 되고, 당신은 $x^2 + y^2 = R^2$으로 표현되는 원주를 따라 걸어가게 된다. 이 상태에서 z의 값을 서서히 증가시키면 z 방향을 따라 원이 점점 작아진다(개개의 원은 지구에서 위도가 같은 점들을 연결한 선, 즉 위도선에 해당한다). 이 경우에도 R은 변하지 않지만, 작은 원을 표현하는 방정식은 $x^2 + y^2 + z^2 = R^2$이 되고, z의 값은 고정되어 있다. 여기서 z가 커지거나 작아져도 당신의 위치좌표 x, y, z는 3차원 버전의 피타고라스 정리를 만족한다. 결론적으로 말해서 구면 위의 모든 점들은 3차원 피타고라스 정리를 만족하면서 R이 일정하지만, 당신이 움직일 때마다 x, y, z는 달라진다. 아인슈타인은 이 논리를 '3차원 공간에 1차원 시간을 추가한' 4차원 시공간으로 확장시켰다.

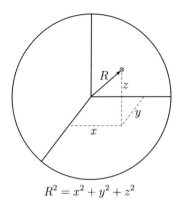

$$R^2 = x^2 + y^2 + z^2$$

그림-5 당신이 지구 표면에서 임의의 방향으로 이동하면 좌표 x, y, z는 수시로 변하지만 중심으로부터의 거리 R은 변하지 않는다. 이 대칭관계를 나타내는 방정식이 바로 피타고라스 정리의 3차원 버전, 즉 $R^2 = x^2 + y^2 + z^2$이다.

데, 이것은 피타고라스 정리의 4차원 버전에 해당한다(시간 t 앞에 붙어 있는 마이너스 부호에 유의하기 바란다. 상대성이론은 4차원 회전변환에 대하여 불변이지만, 시간차원은 공간차원과 조금 다르게 취급된다). 따라서 아인슈타인의 방정식은 4차원 시공간에서 대칭을 갖고 있다.

맥스웰이 방정식을 처음 유도했던 1861년은 미국에서 남북전쟁이 발발한 해이기도 하다. 앞서 말한 대로 이 방정식은 전기장과 자기장을 맞바꿔도 형태가 변하지 않는다. 즉, 맥스웰의 방정식은 전기장과 자기장에 대하여 대칭적이다. 그러나 이 방정식에는 또 하나의 대칭이 숨어 있다. 4차원 방정식에 등장하는 변수 x, y, z와 t를 맞바꿔도 방정식은 달라지지 않는다. 만일 물리학자들이 뉴턴의 역학을 맹신하지 않고 좀 더 철저하게 검증했다면, 상대성이론은 남북전쟁의 와중에 발견되었을지도 모른다!

중력과 휘어진 공간

아인슈타인은 시간과 공간, 그리고 질량과 에너지가 4차원 대칭의 일부임을 알아냈지만, 그의 방정식은 한 가지 문제점을 안고 있었다. 물체가 가속운동을 하는 경우와 우주 전역에 작용하는 중력이 빠져 있었던 것이다. 그는 특수상대성이론을 일반화하여 중력과 가속운동을 포함하는 이론을 만들고 싶었다. 이렇게 탄생한 것이 일반적인 상대성이론, 즉 일반상대성이론이다.

물론 쉬운 일은 아니었다. 처음에 독일의 물리학자 막스 플랑크는 상대성이론과 중력을 하나로 합치는 것이 불가능하다며 아인슈타인의 후속 연구를 만류했다. "이봐, 알베르트. 오랜 친구로서 하는 말인데 그 연구는 포기하는 게 신상에 좋을 걸세. 일단 성공할 가능성이 거의 없고, 성공한다 해도 아무도 믿지 않을 거라고. 자네 정말 제2의 코

페르니쿠스가 되고 싶은가?"[6]

물리학자들은 뉴턴의 중력이론과 아인슈타인의 특수 상대성이론이 양립할 수 없음을 잘 알고 있었다. 어느 순간 태양이 갑자기 사라진다면, 지구에서 그 부재不在를 느낄 때까지 얼마나 걸릴까? 아인슈타인은 약 8분이 걸린다고 주장했다. 그러나 뉴턴의 중력방정식은 빛의 속도에 대해 아무런 언급도 없다. 즉, 뉴턴은 어느 순간에 태양이 사라지면 지구에서는 그 즉시 태양의 부재를 느낄 수 있다고 생각했다. 이것은 '그 어떤 물체나 신호도 빛보다 빠르게 이동할 수 없다'는 특수상대성이론의 제1계명에 위배된다.

아인슈타인은 열여섯 살 소년 시절부터 스물여섯 살 청년이 될 때까지 거의 10년 동안 빛의 특성을 파고들었고, 그 후에는 새로운 중력이론을 구축하면서 또 다시 10년을 보냈다. 어느 날 그는 연구실 의자에 앉아 몸을 뒤로 젖히다가 거의 넘어질 뻔했는데, 바로 그 순간에 수수께끼의 실마리가 떠올랐다. '뒤로 넘어지면서 자유낙하를 하는 동안 내 몸은 무중력상태가 된다!' 그렇다. 바로 이것이 문제의 핵심이었다. 훗날 그는 이 순간을 회상하면서 "내 인생을 통틀어 가장 행복했던 생각"이라고 했다. 대체 뭐가 그리도 행복했을까?

높은 건물에서 물체를 낙하시켰을 때, 떨어지는 동안 무중력상태가 된다는 것은 갈릴레이도 알고 있었다. 그러나 이 사실에서 중력의 비밀을 간파한 사람은 아인슈타인뿐이었다. 좀 끔찍하긴 하지만, 당신이 탄 엘리베이터의 케이블이 끊어졌다고 가정해보자. 그 순간부터 당신의 몸은 자유낙하를 할 텐데, 엘리베이터의 바닥도 똑같이 자유낙하를 하기 때문에 무중력상태에 놓인 우주인처럼 허공으로 두둥실 떠오를 것이다(엘리베이터가 바닥에 도달하기 전까지는 이 상태가 유지된다). 자유낙하하는 엘리베이터가 당신의 몸에 가해지는 중력을 정확하게 상쇄시키기 때문이다. 이것을 '등가원리equivalence principle'라 한다. 하나의 좌표계에서 나타난 가속도와 다른 좌표계에서 나타난 중력은 물리적으로 완전히 똑같기 때문에 구별할 수 없다.

TV에 나오는 우주인들이 우주선 안에서 둥둥 떠다니는 것은 '지구와 너무 멀어서 중력이 사라졌기 때문'이 아니다(우주정거장이나 우주왕복선의 고도는 기껏해야 450km 이내이다. 이 정도면 서울에서 부산까지 거리밖에 안 된다. '우주'라는 말이 어울리지 않을 정도로 가깝다 – 옮긴이). 태양계 안에서 중력이 0인 곳은 존재하지 않는다. 그런데도 우주인의 몸이 둥둥 떠다니는 것은 우주선이 그들과 함께 '지구로 떨어지고 있기 때문'이다. 산꼭대기에서 발사된 뉴턴의 대포알처럼(그림-1 참조), 우주선과 우주인은 지구 주변을 돌면서 지구를 향해 자유낙하하고 있다. 그러므로 우주선의 내부는 무중력상태가 아니다. 우주선과 우주인이 똑같은 가속도로 떨어지고 있기 때문에 마치 무중력상태처럼 보이는 것뿐이다.

아인슈타인은 이 원리를 놀이공원의 회전목마에 적용해 보았다. 상대성이론에 의하면 물체의 속도가 빠를수록 공간이 진행 방향으로 줄어들기 때문에 물체도 진행 방향으로 수축된다. 목마가 회전하는 것은 바닥원판이 회전하기 때문인데, 중심에서 멀수록 속도가 빠르기 때문에 바닥원판의 중심부보다 가장자리가 더 많이 수축된다. 그러므로 원판의 회전속도가 광속에 가깝다면 원판은 심하게 구부러질 것이다. 즉, 평평했던 원판은 그릇을 뒤집어놓은 것처럼 가운데가 볼록하게 튀어나온 곡면이 된다.

이제 당신이 회전목마의 구부러진 원판 위를 걷는다고 가정해보자. 가운데가 볼록히게 튀어나와 있으니 똑바로 걷기가 어려울 것이다. 눈을 가린 상태라면 당신은 보이지 않는 힘이 자신을 원판의 바깥쪽으로 밀어내고 있다고 생각할 것이다. 회전목마를 탄 사람이 '원심력centrifugal force'을 느끼는 것은 바로 이런 이유 때문이다. 그러나 회전목마의 바깥에 있는 사람은 굳이 원심력을 도입할 필요가 없다. 그저 '바닥이 휘어졌기 때문에 그 안에 있는 사람들이 바깥쪽으로 밀려난다'고 생각하면 그만이다.

아인슈타인은 이 모든 결과를 하나로 묶었다. 당신이 회전 원판에서 바깥쪽으로 밀려나는 것은 원판 자체가 휘어져 있기 때문이다. 당신이 느끼는 원심력은 원리적으로 중력과 동일하다. 중력은 가속운동을 하는 좌표계에서 나타나는 일종의 착시현상이었다. 다시 말해서, 하나의 좌표계에서 진행되는 가속운동은 다른 좌표계에서 작용하는 중력과 완전히 동일하며, 중력이 작용하는 이유는 공간이 휘어져 있기 때문이다.

이제 회전목마를 태양계로 대치해보자. 지구는 태양 주변을 공전하고 있으므로, 우리는 태양이 지구에게 중력이라는 힘을 행사하고 있다고 생각한다. 그러나 지구 바깥에 있는 사람에게는 중력이 느껴지지 않는다. 그가 보기에는 지구 주변의 공간이 휘어져 있고, 지구가 그 휘어진 길을 따라 원운동을 하는 것처럼 보일 뿐이다.

아인슈타인은 특유의 통찰력을 발휘하여 '중력은 실체가 아닌 환상'이라는 놀라운 결론에 도달했다. 물체가 움직이는 것은 중력이나 원심력 때문이 아니라, 물체 주변의 공간이 휘어져 있기 때문이다. 이것은 매우 중요한 사실이어서 다시 한번 강조하는 바이다. 물체가 움직이는 것은 중력이 잡아당기기 때문이 아니라, 휘어진 공간이 밀어내기 때문이다.

윌리엄 셰익스피어는 이런 말을 한 적이 있다. "이 세상은 거대한 무대이며, 우리는 그 위에 등장했다가 사라지는 배우이다." 이것은 뉴턴의 고전역학에 딱 맞아떨어지는 표현이다. 그는 이 세상이 정적靜的, static이고 평평한 3차원 공간이며, 모든 만물이 그 안에서 특정한 법칙에 따라 움직인다고 생각했다(공간이 평평하다는 것은 납작한 평면을 말하는 것이 아니라, '휘어짐 없이 똑바로 이어지는 입체 공간'이라는 뜻이다 – 옮긴이).

그러나 아인슈타인은 뉴턴의 우주관을 폐기하고 '휘어진 공간'을 도입했다. 이런 곳에서는 똑바로 걸어갈 수 없다. 휘어진 곡면 위를 걸을 때에는 발밑에 형성된 굴곡에 의해 몸이 특정 방향으로 밀려나기 때문에, 마치 술 취한 사람처럼 휘청거리게 된다.

결국 중력이라는 힘은 실체가 아닌 환상이었다. 당신이 지금 의자에 앉아 이 책을 읽고 있다면, 당신은 '내 몸이 공간으로 날아가지 않는 것은 중력이 나를 의자 쪽으로 잡아당기고 있기 때문'이라고 생각할 것이다. 그러나 아인슈타인은 '지구의 질량이 당신 머리 위의 공간을 휘어지게 만들었고, 그로 인해 당신의 몸이 의자 쪽으로 내리 눌려지고 있기 때문에 의자에 계속 앉아 있을 수 있다'고 강변한다.

침대용 매트리스의 한복판에 묵직한 포환을 올려놓으면

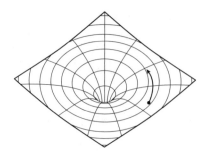

그림-6 매트리스에 묵직한 포환을 얹어놓으면 가운데가 움푹하게 들어가고, 그 위에 작은 구슬을 던지면 휘어진 길을 따라 원운동을 하게 된다. 이 광경을 먼 거리에서 바라보면 포환이 구슬을 잡아당기는 것처럼 보이겠지만, 실제로 구슬이 원운동을 하는 이유는 당기는 힘 때문이 아니라 매트리스의 표면이 휘어져 있기 때문이다. 먼 곳에서 날아온 별빛이 태양의 중력에 의해 휘어지는 것도 같은 논리로 설명할 수 있으며, 이 현상은 일식이 일어났을 때 별의 위치를 관측함으로써 사실로 확인되었다.

가운데가 움푹하게 들어간다. 그 위에 조그만 쇠 구슬을 던지면 곡선 궤적을 그리며 굴러갈 텐데, 구슬의 속도가 적절하면 포환을 중심으로 원운동을 하게 된다. 먼 거리에서 이 광경을 바라보는 관찰자는 구슬을 잡아당기는 힘이 작용한다고 생각하겠지만, 가까운 거리에서 보면 아무런 힘도 작용하지 않는다. 구슬이 직선 궤적에서 벗어난 이유는 매트리스의 표면이 휘어져 있기 때문이며, 움푹 파인 형태가 원에 가깝기 때문에 구슬이 원 궤적을 그리는 것이다.

이제 구슬을 지구로, 포환을 태양으로 바꾸고 매트리스를 공간으로 바꿔서 생각해보자. 지구가 태양 주변을 도는 것은 태양이 공간을 구부려놓았기 때문이다. 즉, 지구 주변의 공간은 평평하지 않다.

마찬가지로, 구겨진 종이 위를 기어가는 개미는 똑바로 나아갈 수 없다. 개미는 어떤 힘이 계속해서 자신을 잡아당긴다고 생각할 것이다. 그러나 높은 곳에서 이 광경을 바라보는 우리에게는 아무런 힘도 보이지 않는다. 이것이 바로 아인슈타인이 구축한 일반상대성이론의 핵심이다. 이 이론에 의하면 질량은 시공간을 휘어지게 만들어서 중력이라는 환상을 낳는다.

일반상대성이론은 모든 물체와 시공간에 영향을 미치는 중력의 근원을 설명하고 있으므로, 특수상대성이론보다 훨씬 강력하면서 대칭성도 높다. 특수상대성이론은 시공간에서 직선 궤적을 그리는(즉, 등속운동을 하는) 물체만을 다루고 있는데, 실제 우주에서 등속운동을 고수하는 물체는 거의 없다. 우리 눈에 보이는 대부분의 물체들(경주용 자동차, 헬리콥터, 로켓 등)은 속도가 수시로 변하는 가속운동을 하고 있다. 일반상대성이론은 이처럼 속도가 일정하지 않은 물체에 포괄적으로 적용되는 이론이다.

일식과 중력

제아무리 아름다운 이론도 검증되지 않으면 무용지물이다. 그래서 아인슈타인은 일반상대성이론을 검증하는 몇 가지 실험을 떠올렸는데, 그중 하나가 수성의 궤도였다. 당시 천문학자들은 뉴턴의 이론에 입각하여 수성의 공전궤도를 계산한 후 실제 관측 결과와 비교하다가 약간의 오차를 발견했다. 망원경으로 관측된 수성의 궤도는 뉴턴의 예상처럼 완벽한 타원이 아니라, 조금씩 이동하면서 꽃 같은 모양을 그리고 있었다.

천문학자들은 뉴턴의 중력이론을 보호하기 위해 수성 궤도의 안쪽에 아직 발견되지 않은 행성이 있을 것으로 추측하고 '벌컨Vulcan'이라는 이름까지 붙여놓았다. 적당한 크기의 벌컨 행성이 정말로 존재한다면, 뉴턴의 법칙을 그대로 유지한 채 수성 궤도의 오차를 설명할 수 있다. 19세기 중반에도 천문학자들은 이와 비슷한 논리를 펼쳐서 해왕성을 발견한 적이 있다. 그러나 망원경으로 하늘을 아무리 뒤져도 벌컨 행성은 발견되지 않았다.

그런데 아인슈타인이 자신이 구축한 새로운 중력이론(일반상대성이론)을 이용하여 수성의 근일점perihelion(태양과 가장 가까워지는 지점 – 옮긴이)을 다시 계산해보니, 뉴턴의 이론으로 계산된 값과 약간의 차이를 보였다. 그의 계산에 의하면 수성의 공전궤도는 100년마다 42.9초(1초 =1/60도)씩 이동하는 것으로 나타났고, 이 값은 관측 결과 와 거의 정확하게 일치했다. 훗날 그는 이 일을 회상하며 "나의 대담한 꿈이 드디어 실현되었다는 성취감에 사로잡 혀 며칠 동안 제정신이 아니었다"고 했다.[7]

그 후 아인슈타인은 멀리 떨어진 별에서 날아온 빛도 태 양의 중력에 의해 휘어질 수 있다는 가능성을 제시했다. 이런 별은 일식이 일어나야만 볼 수 있기 때문에 아인슈타 인은 1919년에 일식이 일어날 때 관측팀을 파견하여 사실 을 확인해줄 것을 제안했고, 결과는 매우 성공적이었다[이 때 아프리카와 남미에 파견된 관측팀은 태양이 없는 밤하 늘과 일식으로 태양이 가려진 하늘을 망원경으로 촬영하 여 비교함으로써, 태양 근처에 있는 별(태양에 가까운 별이 아 니라, '방출된 빛이 태양 근처를 지나는 별'을 의미한다. 별빛이 태양 근처 를 지날 때 휘어지면, 지구에서는 별의 위치가 이동한 것처럼 보인다 – 옮 긴이)의 위치가 조금 이동했음을 확인했다]. 사실 아인슈타 인은 관측을 실행하기 전부터 자신의 이론이 옳다는 확신 을 갖고 있었다. 누군가가 그에게 "만일 관측 결과가 당신 의 이론과 다르게 나왔다면 어땠을까요?"라고 물었을 때, 그는 이렇게 대답했다. "만일 그랬다면 신이 실수했다고 생각했을 겁니다. 수학적으로 그토록 아름답고 대칭적인

이론이 틀릴 리가 없으니까요."

이 관측팀을 진두지휘한 사람은 영국의 물리학자 아서 에딩턴이었다. 그는 아프리카 서해안에 있는 프린시페Principe섬에서 일식 때 태양 주변을 촬영하여, 별이 이동한 거리가 아인슈타인의 계산과 정확하게 일치한다는 사실을 입증했다(요즘 천문학자들은 별에서 방출된 빛이 중력에 의해 휘어지는 현상을 일상적으로 활용하고 있다. 별빛이 가까운 은하를 지나면 크게 휘어져서 렌즈를 통과한 것 같은 효과가 나타나는데, 이런 현상을 중력렌즈gravitational lens, 또는 아인슈타인렌즈라 한다).

아인슈타인은 1921년에 노벨상을 받았다(그에게 노벨상을 안겨준 논문은 상대성이론이 아니라, 광전효과photoelectric effect에 관한 논문이었다 – 옮긴이).

그 후로 아인슈타인은 영화배우나 정치인보다 유명한 세계적 명사가 되었다. 1933년에 아인슈타인은 당대 최고의 영화배우 찰리 채플린과 함께 영화 시사회에 참석한 적이 있는데, 영화가 끝난 후 출구 쪽으로 걸어가다가 사인을 받으려는 군중들에게 에워싸였다.

아인슈타인 아니, 왜들 이 난리랍니까?

찰리 채플린 아무것도 아닙니다, 신경쓰지 마세요.

아인슈타인 당신의 인기는 정말 대단하군요.

찰리 채플린 대중들이 저를 좋아하는 이유는 저를 이해하기 때문입니다. 그런데 이 사람들은 당신의 이론을 손톱만큼도 이해하지 못하면서 이렇게 열광하고 있잖아요. 그러니까 당신이 저보다 훨씬 대단한 거죠.

250년 동안 군림해온 뉴턴역학을 왕좌에서 끌어내렸다는 이유로, 아인슈타인의 일반상대성이론에 반기를 든 사람들도 있었다. 가장 극렬하게 비난한 사람은 컬럼비아대학교의 찰스 레인 푸어였는데, 그는 상대성이론을 읽은 후 "앨리스와 함께 이상한 나라를 배회하다가 미친 모자장수Mad Hatter와 함께 차를 마시는 기분"이라고 했다.[8]

그러나 플랑크는 항상 아인슈타인 편이었다. 그는 "새로운 과학은 당대의 반대론자들을 설득하여 승리하는 것이 아니라, 반대론자들이 모두 죽은 후 새로운 세대에게 수용되면서 승리를 거두는 법"이라고 했다.[9]

그 후로 수십 년 동안 수많은 과학자들이 자신만의 논리로 상대성이론을 공격했지만, 항상 아인슈타인의 승리로 마무리되었다. 앞으로 보게 되겠지만, 아인슈타인의 상대성이론은 물리학의 판도를 바꾸고 우주의 개념을 재정립했으며, 인류의 생활방식에도 지대한 영향을 미쳤다.

가장 가까운 예가 휴대폰에 내장된 위성항법장치Global Positioning System(GPS)이다. GPS는 지구 주변을 선회하는 31개의 위성으로 이루어져 있으며, 이들 중 적어도 3개 위성의 신호가 당신의 휴대폰에 도달하면 현재 위치를 정확하게 알 수 있다. 모든 위성은 각기 조금씩 다른 궤도를 돌고 있는데, 이들이 보내온 신호에 삼각측량법을 적용하여 자신의 현 위치를 알아내는 식이다(모든 계산은 휴대폰에 내장된 컴퓨터가 알아서 해준다).

GPS의 핵심부품은 초정밀 원자시계이다. 그런데 GPS가 정확도를 유지하려면 특수 및 일반상대성이론에 입각하여 시계를 수시로 보정해야 한다.

GPS 위성은 시속 27,000km라는 엄청난 속도로 움직이기 때문에, 그 안에 탑재된 시계는 지표면의 시계보다 조금 느리게 간다. 특수상대성이론에 의하면 움직이는 물리계에서는 시간이 느리게 흐르기 때문이다. 이것은 '빛을 쫓아가는' 아인슈타인의 사고실험thought experiment(현실적으로 실행이 불가능하여 상상 속에서 진행되는 실험 – 옮긴이)을 통해 입증된 사실이다. 이뿐만이 아니다. 인공위성은 높은 고도에서 선회하기 때문에 지표면보다 중력이 약한데, 일반상대성이론에 의하면 중력은 시공간을 휘어지게 만들기 때문에 중력이 약할수록 시간이 빠르게 흐른다. 즉, 인공위성의 시계는 특수상대성이론에 의해 느려지고, 일반상대성이론에 의해 빨라지고 있다. 이 상반된 효과가 정확하게 상쇄되면 좋겠지만, 현실은 그렇지 않다. 따라서 GPS의 정확도를 유지하려면 지구의 관제팀이 위성의 시계를 주기적으로 보정해줘야 한다. 아인슈타인의 특수 및 일반상대성이론이 없다면 전 세계의 운전자들은 수시로 길을 잃고 헤맬 것이다.

극과 극의 두 인물(1): 뉴턴과 아인슈타인

세간에는 아인슈타인이 '뉴턴의 대를 이은 최고의 물리학자'로 알려져 있지만, 사실 두 사람의 성격은 완전히 정반대였다. 뉴턴은 주변 사람들과 일상적인 대화조차 나누기 어려울 정도로 사회성이 매우 떨어져서 평생을 외톨이로 살았다(그는 결혼도 하지 않았다 – 옮긴이).

반면에 물리학자 제레미 번스타인은 저서에 다음과 같이 적어놓았다. "아인슈타인의 주변 인물들은 한결같이 그가 고귀한 성품의 소유자였으며 지극히 '인도주의적인' 사람이었다고 입을 모았다."[10]

그러나 아인슈타인과 뉴턴은 중요한 공통점을 갖고 있다. 첫 번째는 상상을 초월하는 집중력을 발휘하여 긴 시간 동안 하나의 문제를 파고들었다는 점이다. 뉴턴은 한문제에 생각이 꽂히면 며칠 동안 식음을 전폐하고 밤을 꼴

딱 새워가면서 기어이 해답을 알아냈고, 어쩌다 사람들과 대화를 나누던 중에도 머릿속에 아이디어가 떠오르면 냅킨이나 벽에 계산을 휘갈기곤 했다. 한 문제에 집중하는 능력은 아인슈타인도 결코 뒤지지 않는다. 그는 10년 동안 중력을 분석한 끝에 일반상대성이론을 완성했고, 그 후에도 수십 년 동안 통일장이론을 파고들다가 세상을 떠났다.

뉴턴과 아인슈타인의 또 다른 공통점은 문제를 시각화하는 능력이 뛰어났다는 점이다. 뉴턴은 《프린키피아》를 집필할 때 대수학을 이용하여 논리를 풀어나갈 수 있음에도 불구하고, 오직 기하학적 논리만으로 모든 명제를 증명했다. 대수학 기호가 난무하는 미적분학으로 책을 쓰는 것은 별로 어렵지 않다. 그러나 삼각형과 사각형에서 출발하여 물체의 운동과 행성의 움직임을 유도하는 것은 오직 대가大家만이 할 수 있는 일이다. 아인슈타인의 이론에도 기차와 자[尺], 그리고 시계 그림이 수시로 등장한다.

통일이론을 찾아서

아인슈타인은 현대물리학의 이정표가 될 두 개의 이론을 완성했다. 하나는 4차원 시공간에 대칭을 도입하여 빛과 시공간의 특성을 규명한 특수상대성이론이고, 다른 하나는 중력을 시공간의 곡률(휘어진 정도)로 해석한 일반상대성이론이다.

그러나 아인슈타인은 여기서 만족하지 않고 더욱 원대한 세 번째 목표를 향해 나아갔다. 우주에 존재하는 모든 힘을 단 하나의 방정식으로 통일하겠다고 마음먹은 것이다. 그의 목적은 전기와 자기를 서술한 맥스웰의 방정식과 자신이 유도한 중력방정식을 '장'의 언어로 조화롭게 통일하는 것이었다. 그는 수십 년 동안 이 문제에 매달렸으나, 결국 끝을 보지 못하고 세상을 떠났다(전자기력과 중력의 통일을 최초로 시도한 사람은 마이클 패러데이였다. 그는 중력과 자기력의 상호작용을 관측하기 위해 런던다리에서 자석을 떨어뜨리는 실험을 여러 번 실행했는데, 기대와 달리 아무것도 발견하지 못했다).

아인슈타인이 실패한 이유 중 하나는 1920년대의 물리학이 불완전했기 때문이다. 20세기 초에 양자역학이 새로운 이론으로 대두되면서 물리학자들은 아직 발견되지 않은 새로운 힘의 존재를 느끼기 시작했다. 원자의 내부에서 작용하는 핵력nuclear force이 바로 그것이었다.

사실 아인슈타인은 양자이론의 창시자 중 한 사람이었다(그가 1905년에 발표한 논문 '광전효과'는 빛의 양자설을 입증하는 강력한 증거였다 – 옮긴이). 그러나 양자역학의 확률적 논리에 불편함을 느낀 그는 죽는 날까지 양자역학을 인정하지 않았다. 그럼에도 불구하고 양자역학은 향후 수십 년 동안 모든 반론을 완벽하게 방어하면서 미시세계를 서술하는 이론으로 확고한 입지를 굳혔으며, 트랜지스터와 컴퓨터로 대변되는 첨단 기기를 탄생시켰다.

언뜻 보면 양자역학이 아인슈타인에게 일방적인 승리를 거둔 것처럼 보인다. 그러나 아인슈타인이 제기했던 미묘한 철학적 문제는 아직도 해결되지 않은 채 물리학자의 마음 한구석을 불편하게 만들고 있다.

3

양자이론의 도약

THE GOD EQUATION

아인슈타인이 시간과 공간, 물질과 에너지에 기초한 새로운 이론을 개발하느라 고군분투하고 있을 때, 물리학의 선두 주자들은 고색창연한 질문의 답을 찾고 있었다. '물질은 무엇으로 이루어져 있는가?' 이들의 노력은 얼마 후 '양자물리학'이라는 또 하나의 위대한 이론을 낳게 된다.

그 옛날 뉴턴은 중력이론을 완성한 후 자연과 물질을 이해하기 위해 한동안 연금술에 몰두한 적이 있다. 과학사학자들 중에는 뉴턴이 이 시기에 수은 증기를 너무 많이 마셔서 괴팍하고 우울한 성격으로 변했다고 주장하는 사람도 있다(당시에는 몰랐지만, 수은은 여러 가지 신경증을 유발한다). 그러나 17세기 과학자들은 물질의 속성에 대해 아는 것이 거의 없었고, 납을 금으로 바꾸기 위해 혼신의 노력을 기울였던 연금술사들도 별다른 성과를 거두지 못했다.

물질의 비밀이 밝혀질 때까지는 수백 년의 세월이 더 소요되었다. 화학자들은 1800년대부터 자연의 기본원소를 분리하기 시작했다(여기서 기본원소란 '더 이상 간단한 구조로 분리할 수 없는 최소 단위 원소'를 의미한다). 물리학의 발전을 견인한 일등공신은 수학이었지만, 대부분의 화학적 발견은 칙칙한 실험실에서 지루한 반복실험을 통해 이루어졌다.

　1869년의 어느 날, 러시아의 과학자 드미트리 멘델레예프는 자연의 모든 원소들이 땅바닥에 그려진 차트를 향해 우수수 떨어지는 꿈을 꾸었다. 잠에서 깨어난 그는 이미 알고 있는 원소들을 규칙적인 표에 배열시켜놓았는데, 전체적인 그림을 분석해보니 놀랍게도 전에는 미처 몰랐던 규칙이 눈에 들어왔다. 혼란스러웠던 화학에 드디어 '질서'와 '예측 가능성'이 도입된 것이다. 멘델레예프가 작성한 표에는 여러 곳이 빈칸으로 남아 있었는데(당시에 알려진 원소는 60여 종에 불과했다) 그는 각 원소의 주기적 특성에 기초하여 앞으로 발견될 원소들을 예측해놓았고, 그후 세계 각지의 실험실에서 누락된 원소들이 발견될 때마다 멘델레예프의 명성은 하늘을 찌를 듯이 높아졌다.

　그런데 표에 나열한 원소들은 왜 규칙적인 패턴을 보이는 것일까?

부부 과학자로 유명한 마리 퀴리와 피에르 퀴리는 1898년에 이제껏 발견된 적 없는 불안정한 원소를 여러 개 발견하여 학계의 주목을 받았다. 특히 라듐(Ra)이라는 원소는 '에너지는 생성되지도, 파괴되지도 않는다'는 에너지 보존법칙을 비웃기라도 하듯, 별도의 에너지를 주입하지 않았는데도 스스로 빛을 방출하고 있었다. 라듐의 에너지는 어디서 온 것일까? 에너지 보존법칙이 폐기되지 않으려면 라듐의 에너지원을 설명하는 새로운 이론이 반드시 필요했다.

그때까지만 해도 화학자들은 산소나 수소와 같은 물질의 기본단위는 매우 안정적이어서 영원히 변하지 않는다고 믿었다. 그러나 실험실에 방치한 라듐은 방사선을 방출하면서 꾸준히 붕괴되어 다른 원소로 변하고 있었다.

게다가 이 불안정한 원소들이 완전히 붕괴될 때까지 걸리는 시간도 계산할 수 있었는데, 그 값은 종류에 따라 수천 년에서 수십억 년까지 천차만별이었다. 퀴리 부부가 이룩한 이 발견은 오래된 논쟁을 해결하는 데 중요한 실마리를 제공했다. 당시 지질학자들은 바위의 형성 과정을 역으로 추적하여 지구의 나이가 수십억 년에 달한다고 생각했으나, 영국 빅토리아시대의 저명한 과학자인 켈빈 경(원래 이름은 윌리엄 톰슨으로, 1967년에 기사 작위를 받은 후 켈빈 경으로 불리기 시작했다. 절대온도의 단위 K는 그의 이름에서 따온 것이다 – 옮긴이)은 액체상태의 지구가 완전히 식을 때까지 수백만 년이면 충분하다고 주장했다. 과연 누구의 말이 옳을까?

최후의 승자는 지질학자들이었다. 켈빈 경은 퀴리가 발견한 핵력이 지구 내부에 열을 공급하여 냉각을 늦춘다는 사실을 몰랐던 것이다. 방사성붕괴radioactive decay는 수십억 년에 걸쳐 서서히 진행되기 때문에, 우라늄(U)이나 토륨(Th)과 같은 방사성원소들이 지구 중심부에 꾸준히 열을 공급했다면 지구의 나이는 수십억 년까지 길어질 수 있다.

1910년, 영국의 물리학자 어니스트 러더퍼드는 작은 구멍이 뚫린 납 상자에 라듐을 넣고, 구멍으로 새어나온 방사선이 얇은 금박金箔을 때리도록 방향을 조절했다. 처음에 그는 방사선이 금박에 흡수될 것으로 예상했으나, 놀랍게도 방사선은 금박이 마치 그곳에 없는 것처럼 가뿐하게 통과했다.

이것은 매우 의미심장한 결과였다. 방사선이 금박을 아무렇지 않게 통과했다는 것은 (금) 원자의 내부가 거의 텅텅 비어 있음을 의미하기 때문이다. 나는 학교에서 학생들을 금박으로 삼아 이런 실험을 종종 보여주곤 한다. 인체에 무해한 우라늄 조각을 학생의 손에 얹어놓으면 그 아래에 설치해둔 가이거계수기Geiger counter(입자를 감지하는 장치 – 옮긴이)에서 수시로 "딸깍!" 하는 소리가 난다. 우라늄에서 방출된 방사성입자가 학생의 손을 통과하여 계수기에 도달한 것이다.

1900년대 초까지만 해도 학계에 통용되던 원자의 표준 모형은 소위 말하는 '건포도 파이 모형'이었다. 파이 덩어리가 원자의 몸체이고, 곳곳에 박혀 있는 건포도는 전자에 해당한다. 당시 과학자들은 양전하를 띤 '원자 덩어리'에 음전하를 띤 전자가 듬성듬성 박혀 있다고 생각했다. 그러나 원자의 구조를 밝히는 다양한 실험이 실행되면서 건포도 파이 모형은 커다란 변화를 겪게 된다. 러더퍼드는 방사선을 금박에 쪼이는 실험을 하다가 방사성입자 중 일부가 뒤로 퉁겨나오는 것을 보고 깜짝 놀랐다. 그는 입자가 퉁겨나오는 빈도수와 산란각을 면밀히 분석한 끝에, '원자의 중심에는 아주 작으면서 밀도가 높은 원자핵nucleus이 자리잡고 있고, 그 주변을 전자들이 돌고 있다'고 결론지었다. 다시 말해서, 원자 내부의 대부분 공간은 텅 비어 있다는 뜻이다. 또 그는 여기서 한 걸음 더 나아가 원자핵의 지름을 계산했는데, 구체적인 값은 약 10^{-14}m로 원자 지름의 10만분의 1밖에 안 된다.

그 후 과학자들은 원자핵이 양전하를 띤 양성자proton와 전하가 없는 중성자neutron로 이루어져 있음을 알아냈다.

멘델레예프의 주기율표에 등록된 모든 원소들은 결국 세 종류의 입자(전자, 양성자, 중성자)로 이루어져 있었던 것이다. 그렇다면 이들의 거동을 좌우하는 법칙은 무엇일까?

양자혁명

한편, 물리학계의 일각에서는 이 모든 발견을 설명하는 새로운 이론이 구축되고 있었다. 훗날 양자역학으로 불리게 될 이 이론은 우주에 대한 기존의 지식체계를 완전히 갈아엎었고, 물리학자들은 양자역학에 익숙해지거나 다른 직업을 찾아야 했다. 대체 양자가 무엇이기에 그토록 막강한 위력을 발휘했을까?

양자의 개념은 1900년에 독일의 물리학자 막스 플랑크가 제기한 간단한 질문에서 탄생했다. '뜨거운 물체는 왜 빛을 발하는가?' 물체를 불에 달구면 특정한 색의 빛이 방출된다. 인류는 이 사실을 수천 년 전부터 알고 있었다. 그릇을 만드는 도공들은 가마의 온도가 수천 도에 도달하면 그 안에 넣은 도기가 적색에서 황색을 거쳐 청색으로 변한다는 것을 잘 알고 있다(이것은 성냥이나 촛불, 또는 라이터만 있으면 즉석에서 확인 가능하다. 촛불에서 가장 온도가 높은 아래쪽은 푸른색을 띠고, 위로 올라갈수록 온도가 낮아지면서 노란색-붉은색으로 변한다).

물리학자들은 뉴턴과 맥스웰의 이론을 원자에 적용하여 이 효과(흑체복사blackbody radiation라 한다)를 계산하다가 난관에 부딪혔다(자신에게 쏟아진 복사를 모두 흡수하는 물체를 흑체라 한다. 검은색은 모든 빛을 흡수하기 때문에 이런 이름이 붙었다). 뉴턴의 이론에 의하면 원자는 온도가 높을수록 빠르게 진동하고, 맥스웰의 이론에 의하면 진동하는 하전입자는 빛의 형태로 전자기파를 방출한다. 그런데 물리학자들이 '진동하는 뜨거운 원자'에서 방출되는 복사파를 계산해보니 예상에서 크게 벗어났다. 낮은 진동수에서는 실험 데이터와 잘 일치하는데, 높은 진동수에서는 빛의 에너지가 무한대라는 턱도 없는 결과가 얻어진 것이다. 계산에서 무한대가 나왔다는 것은 방정식이 틀렸다는 뜻이며, 이는 곧 '물리학자들이 이해하지 못하는 무언가'가 존재한다는 뜻이기도 하다.

막스 플랑크는 이 문제를 해결하기 위해 하나의 가설을 제안했다. 에너지가 뉴턴의 예상과 달리 연속적인 양이 아니라, '양자quanta'라는 불연속적 덩어리로 이루어져 있다고 가정한 것이다('quanta'는 'quantum'의 복수형 - 옮긴이). 이 대담한 가정을 흑체복사에 적용하여 뜨거운 물체에서 방출되는 복사파(전자기파)의 양을 계산해보니, 무한대 문제가 해결되면서 실험 결과와 거의 정확하게 맞아떨어졌다.

일반적으로 물체의 온도가 높을수록 방출되는 복사파(전자기파)의 진동수가 커지고, 방출되는 빛은 푸른색에 가까워진다(여기서 온도가 더 높아지면 자외선 영역으로 넘어간다 - 옮긴이). 불 속에서 달궈지는 물체가 처음에 붉은색을 띠다가 푸른색으로 변하는 이유가 바로 이것이다. 이 이론을 적용하면 태양의 온도도 알아낼 수 있다. 독자들은 태양의 표면온도가 섭씨 약 5,000도라는 말을 처음 들었을 때 이런 의문을 떠올렸을 것이다. '그것을 대체 어떻게 알았을까? 누군가가 태양 근처까지 가서 온도계로 재봤을까?' 그럴 리가 없다. 과학자들이 태양의 온도를 알 수 있었던 것은 태양에서 방출되는 빛의 파장을 알아냈기 때문이다.

플랑크는 에너지 덩어리인 양자의 크기를 계산한 후, 이 값을 h라는 상수로 표현했다(h의 정식 명칭은 '플랑크상수Planck's constant'이며 값은 6.6×10^{-34}erg·s이다. 플랑크는 계산 결과가 실험 데이터와 가장 잘 일치하도록 h의 값을 결정했다).

플랑크상수의 값을 점점 줄여서 0에 가깝게 하면 양자이론의 모든 방정식은 뉴턴의 방정식과 같아진다(h를 0으로 접근시키면 상식에서 벗어난 입자의 거동이 우리에게 친숙한 뉴턴의 운동법칙과 일치하게 된다). 일상적인 규모에서 양자효과가 눈에 보이지 않는 것은 바로 이런 이유 때문이다. 플랑크상수가 너무나도 작기 때문에, 우리의 무딘 감각으로는 뉴턴의 법칙이 옳은 것처럼 보이는 것이다. 양자효과는 원자 이하의 작은 영역에서 두드러지게 나타난다.

물리학자들은 이토록 미세한 양자적 효과를 계산하면서 평생을 보내고 있다(이 과정을 '양자보정quantum correction'이라 한다). 아인슈타인은 1905년에 상대성이론을 발표했을 뿐만 아니라, 빛이 광양자light quanta라는 알갱이로 이루어져 있다는 가정하에 광전효과를 설명하는 논문도 함께 발표했다(광양자라는 용어는 훗날 광자photon로 수정되었다-옮긴이). 아인슈타인도 플랑크처럼 빛을 '작은 알갱이의 집합'으로 간주한 것이다. 이로써 빛은 두 가지 속성을 갖게 되었다. 맥스웰에 의하면 빛은 파동이고, 플랑크와 아인슈타인에 의하면 빛은 입자(또는 광자)이다. 개개의 광자는 주변에 장場을 형성하고(전기장과 자기장), 이 장은 파동의 형태로서 맥스웰의 방정식을 따른다. 이로써 입자와 장의 아름다운 관계가 형성된 것이다.

여기서 또 하나의 질문이 떠오른다. 모든 것이 '파동이면서 입자'라는 이중성을 갖고 있다면, 우리가 입자라고 하늘같이 믿어왔던 전자도 파동의 속성을 갖고 있을까? 물리학자들은 이 질문의 답을 찾다가, 현대물리학뿐만 아니라 인류의 문명 자체를 뒤흔드는 충격적인 발견을 하게 된다.

전자의 파동

바로 그랬다. 알고 보니 전자도 경우에 따라 파동처럼 거동하고 있었다. 이 사실을 확인하기 위해, 종이 두 장을 수직으로 세워서 약간의 거리를 두고 서로 평행하게 설치해보자(그림-7 참조). 첫 번째 종이에 두 개의 슬릿slit(가늘고 길게 난 구멍 – 옮긴이)을 뚫고, 그곳을 향해 전자빔을 발사한다. 개개의 전자는 둘 중 하나의 슬릿을 통과할 것이므로, 두 번째 종이에 '전자가 도달한 흔적'으로 가느다란 줄무늬가 두 개 생길 것 같다. 우리의 상식이 옳다면 반드시 그래야만 한다.

그러나 막상 실험을 해보면 두 번째 종이에 줄무늬가 여러 개 나타난다. 마치 전자가 파동처럼 간섭干涉, interference을 일으킨 것 같다(욕조에 몸을 담갔을 때 양 손바닥으로 수면을 동시에 때려보라. 왼쪽과 오른쪽에서 생긴 파동이 각기 퍼져나가다가 서로 만나면서 간섭을 일으켜 거미줄 같은 무늬가 나타날 것이다. 이것이 바로 두 개의 파동이 만났을 때 나타나는 간섭현상이다).

줄무늬가 여러 개 나타난다는 것은 하나의 전자가 두 개의 슬릿을 '동시에' 통과했다는 뜻이다(충분한 시간 간격을 두

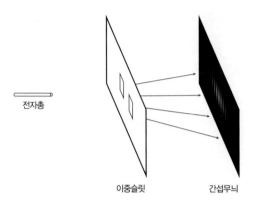

전자총

이중슬릿   간섭무늬

그림-7 이중슬릿을 통과한 전자는 파동처럼 거동한다. 즉, 전자는 두 개의 슬릿을 동시에 통과하여 간섭을 일으킨 것처럼, 두 번째 종이에 간섭무늬를 만든다. 뉴턴역학으로는 도저히 설명할 수 없는 현상이지만, 전자의 파동-입자 이중성은 양자역학의 근간을 이루는 핵심개념이다.

고 전자를 한 개씩 발사해도 두 번째 종이를 미리 쳐다보지 않는 한, 두 번째 종이에는 여러 개의 줄무늬가 형성된다-옮긴이). 대체 어찌된 영문인가? 점입자로 알려진 전자가 무슨 수로 두 개의 슬릿을 동시에 통과하여 자기 자신과 간섭을 일으킨다는 말인가? 이뿐만이 아니다. 또 다른 실험에서는 특정 위치에 있던 전자가 갑자기 사라진 후 엉뚱한 곳에서 관측되기도 한다. 뉴턴역학이 적용되는 세계에서는 도저히 불가능한 일이다. 만일 플랑크상수가 인간사에 영향을 줄 정도로 큰 값이었다면, 우리의 우주는 앨리스의 원더랜드와 비교가 안 될 정도로 기이하고 희한한 세상이 되었을 것이다. 이런 우주에서 물체는 수시로 사라졌다가 다른 곳에서 나타나고, 심지어는 하나의 물체가 두 장소에 동시에 존재할 수도 있다.

양자이론은 터무니없게 들리지만, 수많은 검증을 거뜬히 통과하면서 현대물리학의 정설로 자리잡았다. 1925년에 오스트리아의 물리학자 에르빈 슈뢰딩거는 전자와 같은 입자/파동의 거동을 서술하는 방정식을 유도했고, 이 방정식을 수소 원자에 적용해보니 모든 것이 실험과 완벽하게 맞아떨어졌다. 실험으로 관측한 수소 원자의 에너지 준위가 슈뢰딩거 방정식의 해와 정확하게 일치한 것이다. 이 방정식을 이용하면 멘델레예프의 주기율표도 (원리적으로) 완벽하게 재현된다.

주기율표

양자역학이 거둔 최고의 성과 중 하나는 물질의 기본단위인 원자와 분자의 거동을 서술했다는 점이다. 슈뢰딩거에 의하면 전자는 작은 원자핵을 에워싸고 있는 파동이다. 단, 원자에는 특별한 파장을 갖는 전자의 파동electron wave만 들어갈 수 있다(그림-8 참조. 'electron wave'의 한국어 번역으로는 '전자파'라는 단어가 가장 적절하다. 전자기파를 줄여서 전자파로 표기하

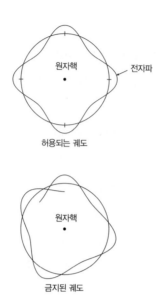

원자핵

전자파

허용되는 궤도

원자핵

금지된 궤도

그림-8 원자의 내부에는 특정한 파장을 갖는 전자들만 들어갈 수 있다. 즉, 궤도의 길이가 전자파 파장의 정수배가 되어야 한다. 이런 조건 때문에 원자 속에서 전자의 궤도는 띄엄띄엄 존재한다. 전자가 궤도를 채워나가는 규칙을 세밀하게 분석하면 멘델레예프의 주기율표가 지금처럼 배열된 이유를 설명할 수 있다.

는 사례도 있지만 사실 이것은 적절한 표기가 아니다. 앞으로 이 책에서는 '전자의 파동'을 '전자파'로 표기할 것이다–옮긴이). 다시 말해서, 전자가 원자 안에 자리를 잡으려면 궤도의 길이(원주의 길이)가 전자파 파장의 정수배로 맞아떨어져야 한다. 이 조건을 만족하지 않으면 원자 안에서 파동이 매끄럽게 연결되지 않기 때문에 안정한 궤도를 유지할 수 없다. 이는 곧 원자 안에서 전자의 궤도가 띄엄띄엄 존재한다는 것을 의미한다.

원자핵에서 멀어져도 이 기본 패턴은 그대로 유지된다. 전자의 수가 많을수록 최외곽 궤도(제일 바깥에 있는 궤도)는 원자핵으로부터 멀어지고, 궤도가 멀수록 그 궤도에 들어갈 수 있는 전자의 수가 많아진다. 멘델레예프의 주기율표에 등록된 원소들이 주기적으로 비슷한 특성을 보인 것은 바로 이런 이유 때문이다. 전자의 수가 몇 개이건 간에, 최외곽 궤도에 들어 있는 전자의 수가 같으면 화학적 성질이 비슷하다.

이 효과는 욕실에서 샤워할 때 확실하게 느낄 수 있다. 욕실에서 노래를 부르면 다양한 음파들 중에서 파장이 특정 파장(또는 진동수)의 정수배인 음파만 반사되고 나머지는 상쇄된다(그래서 샤워 중에 노래를 부르면 가수로 데뷔해도 되겠다는 망상에 빠지기 쉽다). 원자 내부의 전자파도 이와 비슷하여, 특정한 파장(또는 진동수)을 가진 전자만 존재할 수 있다.

그 후로 물리학은 혁명적인 변화를 겪게 된다. 한때 물리학자들은 원자의 구조를 이해하지 못하여 미시세계에서 일어나는 현상을 제대로 설명할 수 없었지만, 슈뢰딩거의 방정식이 등장한 후로는 원자 내부의 특성을 이해할 뿐만 아니라 정확한 수치로 계산까지 할 수 있게 되었다. 나는 대학원생들에게 양자역학을 가르칠 때 '원자뿐만 아니라 우리 주변의 모든 것은 슈뢰딩거 방정식으로 서술된다'는 사실을 강조하곤 한다. 원자가 결합해서 분자가 되는 원리와, 우주의 구성 성분인 분자의 화학적 성질은 예외 없이 양자역학으로 서술되기 때문이다.

슈뢰딩거의 방정식은 전대미문의 성공을 거두었지만, 이 막강한 방정식에도 한계가 있었다. 이 방정식을 적용하려면 입자의 속도가 느려야 한다. 다시 말해서, 슈뢰딩거 방정식에는 상대론적 효과가 고려되어 있지 않다. 슈뢰딩거의 방정식은 빛의 속도와 특수상대성이론, 그리고 맥스웰 방정식을 통하여 전자와 빛이 상호작용하는 방식에 대하여 아무런 설명도 하지 못했다. 또한 이 방정식은 아인슈타인의 방정식과 달리 아름다운 대칭이 누락되어 있어서, 보기에 너저분하고 수학적으로 다루기도 까다롭다.

디랙의 전자이론

스물두 살의 영국 물리학자 폴 디랙은 4차원 시공간에서 아인슈타인의 특수상대성이론을 만족하는 파동방정식을 유도하기로 마음먹었다. 슈뢰딩거 방정식의 문제점 중 하나는 시간과 공간을 따로 취급하여 계산이 복잡하다는 것이었는데, 디랙의 이론은 시공간의 대칭이 구현된 4차원에서 전개되었기에 훨씬 함축적이면서 아름답고 우아했다. 슈뢰딩거 방정식의 너저분한 항들이 단순한 형태의 4차원 방정식으로 깔끔하게 정리된 것이다.

[나는 고등학생 시절에 슈뢰딩거 방정식을 풀어보려고 덤볐다가 계산량이 너무 많아서 좌절한 적이 있다. 자연을 서술한다는 방정식이 왜 이토록 복잡한 것일까? 그러던 어느 날, 우연히 디랙의 간결하고 아름다운 방정식을 접하고 너무 감격한 나머지 울음을 터뜨렸다(고등학생이 슈뢰딩거 방정식에 도전한 것도 대단한데 디랙의 방정식을 이해하고 눈물까지 흘렸다니, 저자는 우리와 다른 세상에서 산 사람 같다 – 옮긴이).]

디랙의 방정식은 엄청난 성공을 거두었고, 디랙은 이 공로를 인정받아 1933년에 노벨상을 수상했다. 과거에 패러데이는 코일에 흐르는 전류가 변하면 자기장이 유도된다는 사실을 알아냈다. 그런데 막대자석에는 전류가 흐르지도 않는데 어떻게 자기장을 만드는 것일까? 자석은 수천 년 전에 발견되었지만, 자성磁性, magnetism을 띤 광물이 존재하는 이유는 완전히 미스터리로 남아 있었다. 그러나 디랙은 자신이 유도한 방정식을 통해 '전자의 스핀spin이 자기장을 만든다'고 예측했다. 사실 전자의 스핀은 디랙 방정식의 수학 체계에 처음부터 포함되어 있었다(전자가 스핀을 갖는다고 해서 팽이처럼 회전한다는 뜻은 아니다. 스핀은 디랙 방정식에 도입된 수학용어일 뿐이다). 스핀으로부터 생성된 자기장은 전자의 주변에 형성된 자기장과 정확하게 일치했고, 디랙은 이로부터 자성의 기원을 설명할 수 있었다. 그렇다. 막대자석의 자기장은 금속 내부에 갇힌 전자의 스핀에 기인한 현상이었다. 훗날 물리학자들은 전자뿐만 아니라 다른 입자들도 스핀을 갖고 있다는 사실을 알아냈는데, 자세한 내용은 나중에 다루기로 한다.

그러나 뭐니뭐니 해도 디랙이 남긴 가장 위대한 업적은 반물질antimatter의 존재를 예견했다는 것이다. 반물질은 일상적인 물질과 동일한 물리법칙을 따르지만, 전하가 반대이다. 그러므로 전자의 반입자인 양전자positron는 음전하가 아닌 양전하를 띠고 있으며, 양전자와 반양성자anti-proton, 그리고 반중성자anti-neutron를 잘 결합시키면 반원자anti-atom를 만들 수도 있다(반원자로 이루어진 물질을 반물질이라 한다 – 옮긴이). 그러나 물질과 반물질이 만나면 폭발을 일으키면서 에너지로 변하기 때문에, 반물질을 안전하게 보관하는 것은 또 다른 문제이다(반물질은 만물의 이론에서 핵심적인 역할을 한다. 궁극의 이론에 등장하는 모든 입자에는 그에 대응되는 반입자 짝이 존재해야 하기 때문이다).

과거에 물리학자들은 대칭이라는 것이 물리 이론의 미학적 요소일 뿐, 필수 사항은 아니라고 생각했다. 그러나 디랙 이후로 물리학자들은 대칭으로부터 새로운 물리적 현상(반물질, 전자의 스핀 등)을 예측할 수 있음을 절실하게 깨달았다. 가장 근본적인 단계에서 우주를 서술하려면 대칭이 반드시 필요하다는 것을 이해하기 시작한 것이다.

파동의 실체는 무엇인가?

그러나 한 가지 의문이 남아 있었다. 전자가 파동성을 갖고 있다면, 그 파동의 실체는 무엇인가? 대체 무엇이 파동 친다는 말인가? 전자는 어떻게 두 개의 슬릿을 동시에 통과할 수 있으며, 어떻게 두 장소에 동시에 존재할 수 있는가?

이 질문의 해답이 제시되자 물리학계는 발칵 뒤집어졌고 물리학자들은 두 진영으로 나뉘어 격렬한 논쟁을 벌이기 시작했다. 파문의 진원지는 독일의 물리학자 막스 본이 1926년에 발표한 논문이었는데, 이 논문에서 *그가* **파동의 실체는 각 위치에서 전자가 발견된 확률**이라는 파격적 주장을 펼친 것이다. 이는 곧 전자의 정확한 위치를 알 수 없다는 뜻이기도 하다. 우리가 알 수 있는 것은 각 위치에서 전자가 발견될 확률뿐이다. 이것은 베르너 하이젠베르크의 그 유명한 불확정성원리를 통해 다시 한번 확인되었다. 이 원리에 의하면 아무리 정밀한 장비를 동원해도 전자의 위치와 운동량을 '동시에 정확하게' 알아낼 수 없다. 다시 말해서 전자는 입자임이 분명하지만, 주어진 위치에 전자가 존재할 확률은 파동함수로 주어진다는 뜻이다.

이것은 물리학계에 떨어진 핵폭탄이었다. 막스 본의 주장이 옳다면, 우리는 아무리 애를 써도 미래를 정확하게 예측할 수 없다. 그저 특정 사건이 발생할 확률만 알 수 있을 뿐이다. 그러나 양자이론은 모든 실험 결과와 정확하게 일치했기 때문에, 마음에 안 든다는 이유로 부정하기도 어려웠다. 아인슈타인은 양자역학을 두고 "성공을 거둘수록 더욱 멍청한 이론처럼 보인다"고 했고, 전자파의 개념을 처음 도입했던 슈뢰딩거조차도 자신의 이론에 대한 확률적 해석을 받아들이지 않았다. 지금도 일부 물리학자들은 파동이론의 철학적 의미를 놓고 난상토론을 벌이는 중이다. 당신이 어떻게 두 장소에 동시에 존재할 수 있다는 말인가? 노벨상 수상자인 미국의 물리학자 리처드 파인먼은 이런 말을 한 적이 있다. "양자역학과 관련하여 내가 단언할 수 있는 사실은 한 가지뿐이다. 그 이론을 제대로 이해하는 사람은 이 세상에 단 한 명도 없다!"[1]

뉴턴 이후로 물리학자들은 '미래에 일어날 모든 사건은 물리법칙에 입각하여 정확하게 예측할 수 있다'는 결정론적 세계관determinism을 고수해왔다. 우주 만물이 확고한 법칙에 따라 움직이고 있으면, 어떤 물체이건 미래의 거동을 예측할 수 있어야 한다. 뉴턴이 생각했던 우주는 '태엽이 풀리고 있는 거대한 시계'와 비슷하다. 조물주가 복잡다단한 시계(우주)를 만들어서 태엽을 끝까지 감아놓고 방치해놓았는데, 우리가 태엽의 운동방정식을 알고 있다면 그 시계의 거동은 언제든지 예측 가능하다. 어떤 입자이건 임의의 순간에 위치와 속도를 알면 그 입자의 미래를 정확하게 예측할 수 있다. 우리에게는 뉴턴의 운동방정식이 있기 때문이다.

미래를 예측하는 것은 인간의 오래된 숙원이었다. 셰익스피어의 희곡《맥베스》에는 다음과 같은 대사가 등장한다.

너희에게 미래라는 시간의 씨앗을 꿰뚫어보는 능력이 있어서
어떤 씨앗이 싹을 틔우고 어떤 씨앗이 썩어버릴지 미리 알
수 있다면
부디 나에게 말해다오.

뉴턴의 고전물리학에 의하면 어떤 씨앗이 열매를 맺고 어떤 씨앗이 쭉정이가 될지 미리 알 수 있다(물론 초기조건을 완벽하게 알고 있어야 한다 - 옮긴이). 이런 관점을 수백 년 동안

고수해왔는데 느닷없이 미래를 예측할 수 없다니, 물리학자들에게는 청천벽력이나 다름없었다.

두 거인의 충돌

아이러니하게도 양자역학에 반기를 든 대표 주자는 양자역학의 산파 역할을 했던 아인슈타인과 슈뢰딩거였다. 그리고 반대 진영에서는 덴마크의 위대한 물리학자 닐스 보어와 불확정성원리를 제안했던 하이젠베르크가 확률해석을 지지하고 나섰다. 이들의 논쟁은 1930년에 벨기에의 브뤼셀에서 개최된 제6차 솔베이학회에서 정점을 찍게 된다. 한 시대를 대표하는 두 거인 아인슈타인과 보어가 '실체의 진정한 의미'를 놓고 제대로 한판 붙은 것이다.

이 회의에 참석했던 벨기에의 물리학자 레온 로젠펠트는 훗날 출간된 회의록에 그 상황을 다음과 같이 적어놓았다. "그날 두 사람이 논쟁을 끝내고 회의장을 나가던 모습이 지금도 눈앞에 생생하다. 아인슈타인은 특유의 미소를 지으며 여유 만만하게 걸어나갔고, 보어는 이 세상 고민을 다 짊어진 사람처럼 인상을 찌푸리며 중얼거렸다. '아인슈타인… 아인슈타인… 아인슈타인…'"[2]

아인슈타인은 양자이론의 문제점들을 날카롭게 지적했고, 그럴 때마다 보어는 정연한 논리로 멋지게 방어했다.

아인슈타인이 '신은 주사위 놀이를 하지 않는다'며 자신의 주장을 굽히지 않을 때, 보어는 "제발 신 타령 좀 그만 하라"며 물리학의 본분을 강조했다.

훗날 프린스턴의 물리학자 존 휠러는 솔베이학회를 회상하며 말했다. "나는 그날 오갔던 대화가 인류 역사상 가장 위대한 논쟁이었다고 생각한다. 그 후로 30년이 흘렀지만, 그날처럼 심오한 문제를 도마에 올려놓고 그토록 위대한 대가들이 그토록 심오한 결론을 도출한 사례는 한 번도 본 적이 없다."[3]

대부분의 과학사학자들은 그 세기적 논쟁의 승자로 보어를 꼽는다.

그러나 아인슈타인은 양자역학이 진흙 위에 세워진 불안정한 탑임을 역설하면서, 양자이론의 기초에 균열을 내는 데 성공했다. 그가 제기했던 반론을 역설적인 이야기로 포장한 것이 바로 그 유명한 '슈뢰딩거의 고양이'이다.

슈뢰딩거의 고양이

슈뢰딩거는 양자역학의 근본적 문제를 극명하게 보여주는 사고실험을 고안했다. 이 실험은 멀쩡한 고양이 한 마리를 상자에 넣는 것으로 시작된다. 상자 안에는 방사성원소인 우라늄이 들어 있는데, 여기서 입자가 한 개만 방출되면 가이거계수기가 작동하면서 미리 설치해놓은 총이 고양이를 향해 발사되도록 세팅되어 있다. 질문: 임의의 순간에 고양이는 살아 있을까? 아니면 죽었을까?

우라늄이 붕괴되는 것은 순전히 양자적 현상이기 때문에, 고양이의 상태도 양자역학적으로 서술해야 한다. 하이젠베르크는 '상자의 뚜껑을 열지 않는 한, 고양이는 두 개의 파동(살아 있는 고양이를 서술하는 파동과 죽은 고양이를 서술하는 파동)이 섞인 상태로 존재한다'고 주장했다. 그런데 아무리 생각해봐도 고양이는 살아 있거나 죽었거나 둘 중 하나이지, '살아 있으면서 죽은' 고양이는 존재할 수 없을 것 같다. 고양이의 생사 여부를 확인하는 방법은 뚜껑을 열어보는 것뿐인데, 뚜껑을 연다는 것은 주어진 물리계를 관측한다는 뜻이고, 관측이 실행되는 순간 파동함수가 곧바로 붕괴되어 둘 중 하나로 결정된다. 다시 말해서, (의식이 동반된) 관측 행위가 존재를 결정하는 것이다.

아인슈타인은 이 모든 것이 터무니없다고 생각했다. 슈뢰딩거의 고양이 역설은 18세기 아일랜드의 철학자이자 주교였던 조지 버클리의 질문을 연상시킨다. 울창한 숲속에서 커다란 나무가 쓰러졌는데 그것을 보거나 듣는 사람이 하나도 없다면, 과연 그 나무는 소리를 낼 것인가? 유아론자(자기중심주의자)들은 '소리가 나지 않는다'고 주장할 것이다. 그러나 양자역학은 한술 더 떠서 '숲속에 사람(관측자)이 없다면 나무는 목탄, 묘목, 땔감, 합판 등 다양한 상태가 섞인 채로 존재한다'고 주장한다. 의식을 가진 누군가가 나무를 바라봐야 비로소 그 순간에 파동이 마술처럼 붕괴되어 평범한 나무가 된다는 것이다(반드시 나무가 된다는 보장은 없다. 다만 나무가 될 확률이 제일 높은 것뿐이다 – 옮긴이).

아인슈타인은 방문객들과 담소를 나눌 때 "쥐 한 마리가 무심결에 달을 바라봤기 때문에 달이 그곳에 존재한다니, 이게 말이 됩니까?"라며 양자역학의 문제점을 지적하곤 했다. 그러나 양자역학이 상식에서 아무리 벗어난다 해도, 도저히 부정할 수 없는 이유가 있었다. 그렇다, 양자역학은 실험 결과를 이론적으로 재현하는 데 단 한 번도 실패한 적이 없다. 맥스웰의 고전전자기학에 양자역학을 적용한 양자전기역학quantum electrodynamics(QED)은 이론과 실험 결과가 소수점 이하 11번째 자리까지 일치한다. 간단히 말해서 QED는 인류의 지성이 낳은 '가장 정확한 과학 이론'이다. 이토록 정확한 이론을 어느 누가 감히 부정할 수 있겠는가?

양자역학이 '진실의 일부만 서술하는 미완의 이론'이라고 주장했던 아인슈타인도 1929년에 하이젠베르크와 슈뢰딩거를 모두 노벨상 후보로 추천했다.

슈뢰딩거의 고양이 역설을 시원하게 풀어줄 해결책은 아직 나오지 않은 상태이다. 지금도 물리학자들은 이 문제가 거론될 때마다 갑론을박을 벌이곤 한다[관측을 실행하여 파동함수가 붕괴되어야 고양이의 실체가 드러난다는 닐스 보어의 해석(이것을 '코펜하겐 해석'이라 한다)은 과거보다 입지가 좁아졌다. 그 사이에 나노기술이 발달하여 개개의 원자를 다루는 실험을 실행할 수 있게 되었기 때문이다. 사실은 보어의 확률해석보다 다중세계 가설이 더 그럴듯하다. 이 가설에 의하면 상자의 뚜껑을 여는 순간 당신의 우주는 '고양이가 살아 있는 우주'와 '고양이가 죽은 우주'로 갈라진다].[4]

양자역학이 커다란 성공을 거둔 후, 1930년대의 물리학자들은 새로운 질문으로 관심을 돌렸다. '태양은 어떤 과정을 거쳐 빛을 발하고 있는가?'

태양의 에너지원

인류는 오랜 옛날부터 태양을 숭배해왔다. 고대 종교와 신화의 핵심에는 거의 예외 없이 태양이 등장한다. 태양은 하늘을 지배하는 가장 막강한 신이었다. 고대 그리스인들에게 태양의 신 헬리오스는 불을 내뿜는 마차를 타고 매일같이 하늘을 가로지르면서 세상을 밝히고 생명을 불어넣는 전능의 신이었다. 아즈텍인과 고대 이집트인, 그리고 고대 힌두교도들도 태양을 신으로 섬겼다.

그러나 르네상스 시대에 이르러 일부 과학자들은 물리학이라는 도구를 통해 태양을 바라보기 시작했다. 만일 태양이 목재나 기름 같은 연료로 이루어져 있다면 이미 오래전에 다 타고 재만 남았을 것이며, 머나먼 우주에 공기가 없다면 태양의 불꽃은 오래전에 꺼졌을 것이다. 그래서 태양의 에너지원은 오랜 세월 동안 미스터리로 남아 있었다.

1842년, 전 세계의 과학자들에게 커다란 도전과제가 주어졌다. 실증주의 철학을 창시한 프랑스의 철학자 오귀스트 콩트가 '과학이 제아무리 발달해도 절대로 답할 수 없는 문제'를 제시한 것이다. 세계 최고의 과학자도 결코 풀 수 없는 문제란 바로 이것이었다. '태양과 행성은 무엇으로 이루어져 있는가?'

물론 당시에는 타당한 주장이었다. 과학의 생명은 검증 가능성인데, 태양의 일부를 용기에 담아 지구의 실험실로 가져오는 것은 도저히 불가능했기 때문이다. 콩트가 제기한 문제는 아무리 세월이 흘러도 풀리지 않을 것 같았다.

그러나 콩트의 저서 《실증철학강의Cours de philosophie positive》에 이 글이 실린 지 불과 몇 년 만에 물리학자들이 답을 알아냈다. 태양의 주성분은 가장 가벼운 원소인 수소였다.

콩트는 중요한 사실을 간과했다. 그렇다. 과학은 반드시 검증 가능해야 하지만, 그 검증이라는 것은 간접적으로 이루어질 수도 있다.

콩트를 난처하게 한 사람은 당대 최고 성능의 분광기 spectrograph를 발명한 독일의 물리학자 요제프 폰 프라운호퍼였다(분광 실험은 샘플이 흑체복사를 방출할 때까지 충분히 달군 후, 샘플에서 방출된 빛을 프리즘에 통과시켜 무지개색 스펙트럼을 만들어서, 각 단색광의 파장이나 진동수를 관측하는 식으로 진행된다. 그런데 스펙트럼 띠 속에 검은 줄이 나타나는 경우가 종종 있다. 이것은 샘플 안에 있는 전자가 양자도약을 일으켜 다른 궤도로 이동할 때 특정한 양의 에너지를 방출하거나 흡수하면서 나타나는 현상이다. 각 원소는 자신만의 에너지준위를 갖고 있기 때문에, 스펙트럼에 생긴 검은 줄의 위치를 분석하면 원소의 종류를 알 수 있다. 즉, 스펙트럼은 원자의 신분을 밝히는 지문인 셈이다. 또한 분광 기술은 범죄 현장에서 신발에 묻은 진흙의 출처나 독극물의 고유한 특성, 또는 머리카락의 화학 성분을 분석하여 수많은 범죄 사건을 해결했다).

프라운호퍼는 태양빛의 스펙트럼을 분석하여 태양의 주성분이 수소라는 사실을 알아냈다(그 후 물리학자들은 태양에서 미지의 원소를 발견하여 태양신 헬리오스의 이름을 따서 헬륨helium, He으로 명명했다. 원소의 이름이 '-ium'으로 끝나면 금속이라는 뜻이다. 즉 헬륨은 '태양을 구성하는 금속'이라는 의미였다. 훗날 과학자들은 헬륨이 지구에도 존재하는 기체임을 알아냈지만 이름은 그대로 남겨두었다. 헬륨은 지구 바깥에서 발견된 최초의 원소이다).

또한 프라운호퍼는 지구에 도달한 별빛을 분석하여, 대부분의 별이 지구에서 흔히 발견되는 원소로 이루어져 있다는 놀라운 사실을 알아냈다. 이것은 매우 중요한 발견이다. 별의 성분이 지구와 비슷하다는 것은 태양계뿐만 아니라 우주 전체가 동일한 물리법칙을 따른다는 뜻이기 때문이다.

아인슈타인의 상대성이론이 한창 세간의 관심을 끌고 있을 때, 한스 베테를 비롯한 일단의 물리학자들은 그때까지 알려진 데이터에 기초하여 태양의 에너지원을 파고들었다. 태양이 수소로 이루어져 있다면 엄청난 중력이 수소를 짓눌러서 핵융합반응이 일어날 것이고, 이 과정을 거치면 수소는 한 단계 더 무거운 헬륨으로 바뀔 것이다. 그런데 헬륨의 원자핵은 구성입자인 양성자와 중성자가 낱개로 흩어져 있을 때보다 조금 가볍기 때문에, 헬륨이 생성되면 여분의 질량이 아인슈타인의 공식 $E=mc^2$을 통해 외부로 방출된다. 바로 이것이 태양에너지의 원천이었다.

양자역학과 전쟁

물리학자들이 양자역학의 역설에 한창 매달리고 있을 때, 유럽에는 전쟁의 기운이 감돌고 있었다. 1933년에 아돌프 히틀러가 독일의 정권을 장악한 후 수많은 물리학자들이 독일을 떠나거나 체포되었고, 개중에는 최악의 상황에 직면한 사람도 있었다.

어느 날 슈뢰딩거는 길을 걷던 중 갈색 셔츠를 입은 나치당원들이 유대인 행인과 상점 주인을 괴롭히는 장면을 목격하고 중간에 끼어들어서 말렸다가 흥분한 당원들에게 집단구타를 당했다. 다행히 그들 중 한 사람이 슈뢰딩거가 노벨상 수상자임을 알아본 덕에 간신히 풀려났지만, 나치에게 점령된 조국의 현실에 환멸을 느낀 슈뢰딩거는 곧바로 짐을 싸들고 오스트리아를 떠났다. 독일의 과학자들도 나치의 억압을 피해 하나둘씩 독일을 떠나는 분위기였다.

양자이론의 아버지로 불리던 막스 플랑크는 과학의 공백을 막기 위해 히틀러를 찾아가 '독일 과학자들이 외국으로 떠나는 것을 막아달라'고 간청했으나, 히틀러는 목청껏 고함을 지르며 유대인을 비난할 뿐이었다. 훗날 플랑크는 그날을 회고하며 "히틀러 같은 사람과 대화하는 것은 애초부터 불가능한 일이었다"고 털어놓았다(플랑크의 아들은 히틀러 암살 계획에 가담했다가 도중에 발각되어 모진 고문을 겪은 후 처형당했다).

"원자 내부에 갇혀 있는 엄청난 양의 에너지를 밖으로 끄집어낼 수 있을까요?" 아인슈타인의 주변 인물들이 이런 질문을 던질 때마다 그의 대답은 한결같았다. "아뇨, 원자 한 개의 에너지는 너무 작아서 어렵게 끄집어낸다 해도 거의 쓸모가 없습니다."

그러나 히틀러는 독일의 우수한 과학을 활용하여 전대미문의 강력한 무기를 만드는 데 혈안이 되어 있었다. 이 프로젝트에 차출된 독일의 과학자들은 V-1 로켓과 V-2 로켓을 만들어 영국을 공격하는 데 일조했고, 일부 과학자들은 은밀한 곳에서 원자폭탄을 설계하고 있었다. 태양에서 막대한 핵에너지가 방출된다면, 그와 비슷한 원리를 적용하여 사상초유의 대량살상무기를 만들 수 있을 것 같았다.

아인슈타인의 방정식을 현실세계에 활용하는 방법을 최초로 떠올린 사람은 헝가리 태생의 물리학자 레오 실라르드였다. 당시 독일의 물리학자들은 우라늄에 중성자를 빠른 속도로 발사하면 원자핵이 둘로 쪼개지면서(붕괴되면서) 더 많은 중성자가 튀어나온다는 사실을 알고 있었지만, 우라늄 원자 한 개로는 얻을 수 있는 에너지가 너무 작았기 때문에 별다른 관심을 보이지 않았다. 그러던 중 실라르드가 '연쇄반응chain reaction'을 이용하여 에너지를 극대화시킨다는 아이디어를 떠올린 것이다. 우라늄 원자 한 개가 붕괴되면 두 개의 중성자가 방출되는데, 이들이 옆에 있는 우라늄 원자를 때리면 그들도 반으로 쪼개지면서 중성자 4개가 튀어나오고, 이들이 또 다른 우라늄 원자를 때리면 중성자 8개가 튀어나오고… 반응이 이런 식으로 계속되면 중성자가 16개, 32개, 64개…로 불어나 결국은 엄청난 개수의 우라늄 원자가 동시에 붕괴하게 된다(바로 이것이 연쇄반응이다). 이때 발생한 에너지를 한 곳에 집중시키면 웬만한 도시 하나를 잿더미로 만들 수 있다.

솔베이학회에서 물리학자들을 양분시켰던 학술적 문제가 갑자기 국가와 문명의 생사를 가르는 최대 현안으로 떠올랐다.

아인슈타인은 나치주의자들이 보헤미아(체코의 서부지역 – 옮긴이)의 한 광산에서 다량의 우라늄을 발견하고 외부인의 출입을 금지시켰다는 소식을 듣고 대경실색했다. 원래 그는 전쟁을 반대하는 평화주의자였지만, 독일의 폭주를 막기 위해 미국 대통령 프랭클린 루스벨트에게 원자폭탄 개발을 촉구하는 편지를 보냈다. 얼마 후 사태의 심각성을 깨달은 루스벨트는 미국에 거주하는 저명한 과학자들을 한 곳에 모아서 그 유명한 맨해튼 프로젝트를 실행하게 된다.

한편, 독일에서는 당대 최고의 유명세를 누리던 베르너 하이젠베르크가 나치의 원자폭탄 개발 프로젝트의 총책임자로 임명되었다. 한 역사가에 의하면, 하이젠베르크의 명성을 익히 알고 있었던 연합군 지휘부가 그를 제거하기 위해 CIA의 전신인 OSS에 암살 계획을 의뢰했다고 한다. 이 임무를 맡은 사람은 한때 브루클린 다저스(미국 프로야구팀 LA다저스의 전신 – 옮긴이)의 포수였던 모 버그였는데, 그는 1944년에 취리히에서 개최된 하이젠베르크의 강연회에 참석하여 정보를 수집하는 등 적극적인 스파이 활동을 펼쳤다. 그때 OSS에서는 '독일의 핵무기 개발계획이 완성 단계에 이르렀다고 판단되면 하이젠베르크를 암살하라'는 지령을 내렸으나, 모 버그는 아직 걱정할 수준이 아니라며 그를 살려두었다고 한다(이 이야기는 니컬러스 다비도프의 책 《스파이가 된 포수The Catcher Was a Spy》에 자세히 나와 있다).

실제로 나치의 핵무기 개발 계획은 연합군보다 많이 뒤처져 있었다. 원래 재정이 부족한 데다 연구소 부지가 연합군의 폭격으로 심각한 피해를 입었기 때문이다. 게다가 하이젠베르크는 원자폭탄 개발에 반드시 필요한 정보를 확보하지 못한 상태였다. 우라늄이나 플루토늄이 연쇄반응을 일으키려면 어느 정도의 양이 필요한지를 몰랐던 것이다(이 양을 임계질량critical mass이라 하는데, 우라늄의 경우 약 9킬로그램이 필요하다).

전쟁이 끝난 후 사람들은 양자이론의 신비로운 방정식이 원자물리학의 핵심일 뿐만 아니라, 인류의 운명을 좌우한다는 사실을 조금씩 깨닫기 시작했다.

그리고 물리학자들은 전쟁 전부터 매달려왔던 작업, 즉 '물질의 특성을 완벽하게 설명하는 양자이론'을 구축하기 위해 연구실로 되돌아왔다.

4

'거의 모든 것'의 이론

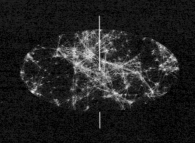

THE GOD EQUATION

아인슈타인이 물질과 에너지의 범우주적 관계를 규명하고 별의 비밀을 푸는 등 20세기 전반의 물리학을 이끌었던 최고의 과학자라는 데에는 이견의 여지가 없다. 그러나 2차 세계대전이 끝난 후부터 아인슈타인은 뒷방 늙은이 취급을 받기 시작했다.

당시 물리학자들의 관심은 통일장이론이 아닌 양자이론으로 넘어갔고, 아인슈타인은 젊은 물리학자들이 자신을 구시대의 유물로 취급한다며 변해가는 세태를 한탄했다. 대부분의 물리학자들은 아인슈타인이 추구하는 통일장이론이 너무 어렵다고 생각했다. 게다가 당시는 핵력의 실체가 규명되기 전이었으니, 모든 힘을 하나로 통일하겠다는 주장이 더욱 요원하게 들렸을 것이다.

아인슈타인은 말했다. "요즘 나는 눈멀고 귀먹은 인간화

석이 되어가고 있다. 사람들이 나를 그렇게 취급하는 것이 피부로 느껴진다. 하지만 그런 역할이 싫지만은 않다. 뒷방 늙은이라는 콘셉트가 나의 기질과 잘 맞아떨어지기 때문이다."

아인슈타인이 전성기를 구가할 때에는 연구 방향을 안내하는 기본원리가 있었다. 특수상대성이론에는 공간좌표 x, y, z와 시간좌표 t를 맞바꿔도 이론 자체가 달라지지 않는다는 대칭성이 존재했고, 일반상대성이론을 개발할 때에는 중력에 의한 효과와 가속운동에 의한 효과가 물리적으로 완전히 동일하다는 등가원리가 있었다. 그러나 막상 만물의 이론에 발을 들여놓으니, 어디를 둘러봐도 그런 원리는 존재하지 않는 것 같았다. 아인슈타인이 생전에 사용했던 연구노트는 수많은 아이디어와 계산으로 가득 차 있지만, 기본원리와 관련된 메모는 단 한 줄도 남아 있지 않다. 헤르만 바일에게 쓴 편지에 "이론이 진척되려면 자연에 일반적으로 적용되는 원리를 찾아야 한다"고 적은 것을 보면, 그는 자신의 연구가 완성될 수 없다는 것을 어느 정도 예상했던 것 같다.

아인슈타인의 연구는 결국 실패로 끝났다. 한때 그는 "신은 미묘하지만 악의적인 존재는 아니다"라며 양자이론의 비상식적인 속성을 비난했지만, 말년에는 "다시 생각해보니 신은 악의적인 존재인 것 같다"며 한 걸음 뒤로 물러났다.

대부분의 물리학자들은 통일장이론을 외면했지만, 가끔은 아인슈타인의 외로운 여정에 동참하려는 사람도 있었다.

통일장이론에 관심을 보였던 에르빈 슈뢰딩거는 아인슈타인에게 이런 편지를 보냈다. "선생님은 천부적인 사자 사냥꾼인데, 저는 지금 토끼에 대해 이러쿵저러쿵 늘어놓고 있군요."[1] 1947년에 슈뢰딩거는 아일랜드의 수상 에이먼 데벌레라까지 참석한 대규모 강연회에서 자신의 통일장이론을 발표한 적이 있는데, 강연 말미에 이런 말을 남겼다. "저는 제 이론이 옳다고 확신합니다. 만일 틀린 것으로 판명된다면 어디를 가도 고개를 들고 다니지 못할 겁니다."[2] 얼마 후 아인슈타인은 슈뢰딩거를 만난 자리에서 솔직하게 털어놓았다. "나도 자네의 이론을 고려해봤는데, 결국은 틀린 것으로 결론이 났다네. 게다가 그런 이론으로는 전자와 원자의 특성을 설명할 수도 없지 않은가."

베르너 하이젠베르크와 볼프강 파울리도 슈뢰딩거 이론의 문제점을 발견하고 그들만의 통일장이론을 제시했다. 다른 사람의 이론을 사정없이 깔아뭉개는 비평가로 유명했던 파울리는 아인슈타인에게도 "신이 갈라놓은 힘을 인간이 무슨 수로 다시 붙인다는 말인가?"라며 서슴없이 독설을 날리곤 했다.

1958년에 파울리는 컬럼비아대학교의 강연회에서 '하이젠베르크-파울리 통일장이론'을 소개했는데, 강연이 끝나자 청중석에 앉아있던 닐스 보어가 벌떡 일어나 소리쳤다.

보어 완전히 미친 이론이군요. 지금 청중들은 당신이 미쳤다는 쪽과 완전히 미쳤다는 쪽, 두 패로 나뉘었습니다![3]

파울리 말씀 잘하셨습니다. 완전히 미친 이론이기 때문에 맞을 수밖에 없는 거죠.

보어 아뇨, 맞지 않는 한도 안에서 최대한으로 미쳤다는 뜻입니다!

강연에 참석했던 물리학자 제레미 번스타인은 훗날 이 일을 회상하며 말했다. "현대물리학을 대표하는 두 거장이 충돌하는 장면은 정말 장관이었다. 물리학자가 아닌 청중들은 두 사람이 왜 싸우는지 갈피를 잡지 못했을 것이다."[4]

결국 파울리의 이론도 틀린 것으로 판명되었다.

보어와 파울리의 말대로, 옳은 이론이 되려면 완전히 미친 소리처럼 들려야 했다. 쉽고 명백한 이론은 아인슈타인이 빠짐없이 검토했지만 모두 틀린 것으로 판명되었다. 그러므로 진정한 통일장이론은 기존의 이론과 화끈하게 달라야 했다. '완전히 미친' 이론이 아니고서는 어느 누구도 목적을 이룰 수 없을 것 같았다.

양자전기역학

전후시대 물리학의 진보를 견인한 일등공신은 양자역학에 기초하여 빛과 전자의 상호작용을 서술한 양자전기역학(QED)이었다. QED의 목적은 전자에 관한 디랙 방정식과 맥스웰의 전자기이론을 하나로 묶어서 양자역학과 상대성이론을 만족하는 빛과 전자의 거동을 서술하는 것이다(디랙의 방정식에 일반상대성이론을 적용하는 것은 너무나 어려운 문제였다).

1930년에 로버트 오펜하이머(그는 맨해튼 프로젝트의 총 책임자였다)는 양자역학에서 몹시 거슬리는 문제점을 발견했다. 전자와 광자의 상호작용을 양자역학적으로 서술하다 보니, 양자적으로 보정된 양이 무한대라는 황당한 결과가 얻어진 것이다. 지난 수십 년 동안 물리학자들은 양자보정이 아주 작은 값이라는 지침하에 모든 계산을 수행해왔다. 그런데 이 값이 무한대라는 것은 디랙 방정식과 맥스웰의 이론을 결합하는 과정에서 무언가 심각한 오류를 범했다는 뜻이다. 그 후로 근 20년 동안 물리학자들은 이 문제를 해결하지 못하여, 거의 제자리걸음을 하고 있었다.

1949년, 드디어 돌파구가 찾아왔다. 미국의 물리학자 리처드 파인먼과 줄리언 슈윙거, 그리고 일본의 물리학자 도모나가 신이치로가 해묵은 문제를 해결한 것이다.

이들은 전자의 자기적 특성을 놀라울 정도로 정확하게 계산하여 전 세계 물리학자들을 놀라게 만들었다(세 사람은 각자 독립적으로 연구를 수행하여 동일한 결론에 도달했다 - 옮긴이). 그러나 이들이 취한 접근법은 논란의 여지가 다분하여, 지금도 물리학자들의 마음 한구석을 불편하게 만들고 있다.

세 사람은 전자의 질량과 전하가 특정 값으로 주어진 디랙 방정식과 맥스웰 방정식에서 출발하여(이 값을 맨질량bare mass 및 맨전하bare charge라 한다) 양자보정을 가했는데, 물론 처음에는 오펜하이머가 말한 대로 무한대가 얻어졌다.

그러나 바로 다음 단계에서 마술 같은 일이 벌어진다. 주어진 맨질량과 맨전하가 처음부터 무한대라고 가정하고 무한대의 양자보정을 가하면, 두 개의 무한대가 서로 상쇄되어 유한한 결과가 얻어지는 것이다. 무한대에서 무한대를 빼면 0이 되는 것과 같은 이치다!

황당함을 넘어 미쳐 돌아가는 듯한 아이디어였지만, 어쨌거나 원하는 결과가 얻어졌다. 그리고 이론으로 계산된 값을 실험 데이터와 비교해보니 오차가 1천억분의 1을 넘지 않았다.

스티븐 와인버그는 QED가 과학 역사를 통틀어 가장 정확한 이론이라고 단언했다.[5] 직관적으로 비유하면 뉴욕에서 LA까지 거리를 이론적으로 예측했는데, 이론과 측정값 사이의 오차가 머리카락 한 올 굵기보다 작은 것과 같다. QED의 창시자 중 한 사람인 슈윙거는 결과에 몹시 만족하여 이론을 상징하는 기호를 훗날 자신의 묘비에 새겨 넣었다.

이들이 무한대를 제거한 방법을 '재규격화renormalization'라 하는데, 그 과정은 매우 복잡하고 번거로우면서 지루하기 이를 데 없다. 계산 도중에 튀어나온 수천 개의 항들이 자신의 짝을 찾아 기적처럼 상쇄되어야 한다. 아주 사소한 실수 하나만 저질러도 전체 계산이 물거품이 된다(일부 물리학자들은 재규격화 이론을 이용하여 양자보정의 정확도를 높이면서 평생을 보냈다. 이들이 한 일이라곤 이론값의 소수점 이하 자릿수를 늘려놓은 것뿐이지만, QED가 역사상 가장 정확한 이론으로 자리잡을 수 있었던 것은 이런 물리학자들 덕분이다).

문제는 QED의 원조인 디랙조차 손사래를 칠 정도로 재규격화과정이 어렵고 복잡하다는 것이었다. 디랙은 재규격화를 바닥의 먼지를 치우지 않고 카펫 밑으로 쓸어 넣은 꼼수일 뿐이라며 다음과 같이 평가했다. "정상적인 수학은 문제를 그런 식으로 해결하지 않는다. 극도로 작은 양이라면 얼마든지 무시해도 상관없지만, 무한대를 무시하는 것은 결코 있을 수 없는 일이다. 마음에 들지 않는다고 없애 버리는 것은 결코 바람직한 수학이 아니다!"[6]

아인슈타인의 특수상대성이론과 맥스웰의 전자기이론을 결합한 재규격화이론은 별로 아름답지 않았다. 좀 더 솔직하게 말하면, 아름다움과 담을 쌓은 꼴사나운 이론이었다. 수천 개의 항들을 상쇄시키려면 수학적 트릭에 통달해야 한다. 그러나 결과가 너무 정확했기에 그 누구도 선뜻 반기를 들 수 없었다.

양자혁명을 응용하다

양자이론은 과학의 세 번째 혁명이라 할 수 있는 첨단 기술혁명에 제대로 불을 댕겼다. 트랜지스터와 레이저로 대변되는 현대문명은 여기서 시작되었다고 해도 과언이 아니다.

지난 100년 사이 최고의 발명품으로 손색이 없는 트랜지스터를 예로 들어보자. 이 조그만 회로소자는 장거리 통신 네트워크와 컴퓨터, 인터넷 등 정보혁명을 견인한 일등공신이다. 간단히 말해서, 트랜지스터는 전자의 흐름을 제어하는 일종의 밸브이다. 수도 파이프에 장착된 밸브를 돌려서 수량을 조절하는 것처럼, 트랜지스터는 홍수처럼 밀려오는 전자들 중 극히 일부만 통과시키는 초미세 전자밸브의 역할을 한다. 그러므로 트랜지스터를 이용하면 작은 신호를 크게 증폭할 수 있다.

역사상 가장 다재다능한 광학 장비라 할 수 있는 레이저도 양자이론의 산물이다. 가스레이저(기체레이저)를 만들려면 일단 수소와 헬륨으로 채워진 튜브가 필요하다. 여기에 전류를 흘려보내서 에너지를 주입하면 기체에 들어 있는 수십억 개의 전자들이 일제히 더 높은 에너지준위로 점프한다. 이렇게 에너지를 얻은 원자들은 상태가 불안정하다. 그러나 하나의 전자가 낮은 에너지준위로 점프하면서 광자를 방출하면 이 광자가 이웃한 원자를 때려서 에너지준위를 높이고, 이 원자가 다시 낮은 준위로 떨어지면서 방출한 광자가 또 다른 원자를 때려서 또 다른 광자의 방출을 유도하고… 이런 식으로 계속된다. 그런데 양자역학에 의하면 두 번째 광자는 첫 번째 광자와 동일한 패턴으로 진동하기 때문에, 튜브의 양끝에 거울을 설치해놓으면 광자의 흐름이 크게 증폭되어 레이저빔을 만들어내는 것이다.

오늘날 레이저는 마트의 계산대와 병원, 컴퓨터, 록 스타의 콘서트홀, 인공위성 등 어디서나 쉽게 볼 수 있다. 레이저는 방대한 양의 정보를 전송할 수 있을 뿐만 아니라, 다량의 에너지를 발사하여 모든 것을 태워버리는 무기로 사용할 수도 있다(레이저의 출력은 수소, 헬륨 등 레이저를 창출하는 물체의 안정성과 레이저를 구동하는 에너지원에 의해 좌우된다. 그러므로 적절한 물질과 에너지원이 확보되면 SF영화에 등장하는 초강력 레이저빔도 얼마든지 만들 수 있다).

생명이란 무엇인가?

에르빈 슈뢰딩거는 파동방정식을 유도함으로써 양자역학의 체계를 확립하는 데 핵심적인 역할을 했다. 그러나 그는 물리학뿐만 아니라 지난 수백 년 동안 모든 과학자들의 초유의 관심사였던 '생명'에 대해서도 지대한 관심을 갖고 있었다. 생명이란 과연 무엇인가? 이 오래된 수수께끼를 양자역학으로 풀 수 있을까? 슈뢰딩거는 양자혁명의 부산물 중 하나가 생명의 기원을 알아내는 열쇠가 되리라고 굳게 믿었다.

오랜 옛날부터 과학자와 철학자들은 생명체를 살아 있게 만드는 '생명력'이 존재한다고 믿어왔다. 신비한 영혼이 육체에 들어오면 살아 있는 인간이 되고, 영혼이 빠져나가면 죽는다는 것이다. 학자뿐만 아니라 평범한 사람들도 물리적 육체와 정신적 영혼이 공존한다는 이원론二元論, dualism을 신봉해왔다.

그러나 슈뢰딩거는 양자역학의 법칙을 따르는 일부 핵심 분자 안에 생명의 암호가 저장되어 있다고 생각했다. 아인슈타인이 물리학의 무대에서 에테르ether(빛을 매개한다고 여겨진 가상의 물질. 아인슈타인의 특수상대성이론이 등장하면서 폐기되었다 - 옮긴이)를 추방한 것처럼, 슈뢰딩거는 생물학의 무대에서 '생명력'이라는 모호한 개념이 사라지기를 원했다. 그는 1944년에 출간한 책《생명이란 무엇인가?》를 통해 '생명이라는 거대한 미스터리의 해답을 양자역학에서 찾는다'는 원대한 포부를 밝힘으로써, 전후세대 과학자들에게 지대한 영향을 미쳤다. 그는 생명체의 유전 정보가 각 세대에 걸쳐 후손에게 전달되며, 이 정보가 저장되어 있는 곳은 영혼이 아니라 세포 속에 있는 분자라고 믿었다. 또한 그는 양자역학을 이용하면 핵심 분자의 수수께끼를 풀 수 있다고 주장했다. 그러나 안타깝게도 1940년대의 생물학으로는 슈뢰딩거의 주장을 검증할 수 없었다.

미국의 생물학자 제임스 왓슨과 영국의 분자생물학자 프랜시스 크릭은 슈뢰딩거의 책을 읽고 깊은 감명을 받아 그가 말했던 핵심 분자를 찾기로 마음먹었다. 두 사람은 분자가 너무 작기 때문에 눈으로 볼 수 없고 조작할 수도 없다는 사실을 잘 알고 있었다[가시광선의 파장이 분자보다 훨씬 크기 때문이다. 이것은 투박한 장갑(가시광선)을 낀 손으로 나뭇잎 표면의 미세한 돌기(분자)를 느낄 수 없는 것과 같은 이치다]. 그러나 왓슨과 크릭에게는 비장의 무기가 있었으니, 초단파장 빛을 이용한 X선 결정학crystallography이 바로 그것이었다. X선의 파장은 분자의 크기와 비슷하여 생체분자 결정에 X선을 쪼이면 여러 방향으로 산란되는데(분자에 가시광선을 쪼이면 산란되지 않고 그냥 지나간다. 즉, 빛이 거의 교란되지 않기 때문에 그곳에 분자가 있다는 사실조차 알기 어렵고, 설령 안다고 해도 세부 구조까지 알아낼 수는 없다 - 옮긴이), 이때 산란되는 패턴을 분석하면 결정 속에 들어 있는 분자의 세부 구조를 알아낼 수 있다. 분자의 구조가 다르면 X선이 산란되는 패턴도 다르기 때문에, 능숙한 양자물리학자는 산란 패턴을 찍은 사진만 봐도 분자의 구조를 짐작할 수 있다. 분자를 직접 보지 않고서도 세부 구조를 알 수 있는 것이다.

결국 양자역학은 여러 원자들이 결합하여 분자를 구성할 때, 각 원자들 사이의 각도까지 알아낼 수 있을 정도로 막강한 이론이었다. 아이들이 레고블럭을 조립하여 장난

감을 만드는 것처럼, 양자역학을 이용하면 다양한 원자를 순차적으로 결합하여 복잡한 분자를 재현할 수 있다. 이 과정을 통해 왓슨과 크릭은 DNA 분자가 세포핵의 중요한 구성 성분 중 하나임을 알아냈고, 바로 그곳에 유전 정보가 담겨 있음을 직감했다. 그들은 로절린드 프랭클린이 찍은 X선 사진을 분석한 끝에, DNA 분자의 이중나선 구조를 확인할 수 있었다(영국의 여성 화학자 로절린드 프랭클린은 DNA의 구조를 밝히는 데 가장 중요한 기여를 했으나, 1958년에 37세의 젊은 나이로 세상을 떠나는 바람에 1962년 왓슨과 크릭, 그리고 윌킨스가 노벨상을 받을 때 수상자 명단에서 제외되었다. 그녀가 살아 있었다면 윌킨스를 제치고 노벨상을 받았을 가능성이 높다 - 옮긴이).

양자역학을 이용하여 DNA 분자 구조를 해독한 왓슨과 크릭의 논문은 20세기 과학의 최고 걸작으로 꼽힌다. 두 사람은 생명의 기본 과정인 '번식reproduction'이 분자 단계에서 이루어진다는 것을 확실하게 입증했다. 생명체의 모든 정보는 모든 세포에 존재하는 DNA 가닥에 정교한 암호로 저장되어 있었다.

과학자들이 생물학의 성배인 인간게놈프로젝트Human Genome Project에 착수할 수 있었던 것도 DNA의 구조가 밝혀졌기 때문이다. 이 프로젝트의 목표는 한 개인의 DNA 서열을 원자 단계에서 완벽하게 규명하는 것이었는데,

1990년에 시작되어 2003년에 완료되었다.

19세기에 찰스 다윈이 예측한 대로, 현대의 생물학자들은 지구에 존재하는 생명체와 화석을 일일이 분석하여 거대한 나무처럼 생긴 가계도家系圖, family tree를 완성했다. 이 모든 것이 양자역학의 산물임은 굳이 말할 필요도 없다.

그러므로 양자역학은 우주의 비밀을 밝혔을 뿐만 아니라, 모든 생명체를 하나의 나무로 통일한 셈이다.

핵력

아인슈타인이 통일장이론을 완성하지 못한 이유는 퍼즐의 커다란 조각인 핵력이 발견되지 않았기 때문이다. 1920~1930년대에는 핵력에 대해 알려진 내용이 거의 없었다.

그러나 2차 세계대전이 끝난 후 QED가 전대미문의 성공을 거두면서, 물리학자들은 양자역학을 핵력에 적용하는 작업에 착수했다. 물론 쉬운 일은 아니었다. 맨땅에서 출발하여 미지의 영역을 탐색하려면 새롭고 강력한 도구가 필요한데, 당시에는 입자를 빠른 속도로 발사하는 장치가 없었기 때문이다.

자연에는 두 종류의 핵력이 존재한다. 강한 핵력strong nuclear force(강력)과 약한 핵력weak nuclear force(약력)이 바로 그것이다. 양성자는 양전하(+)를 띠고 있어서 서로 밀어내기 때문에, 원자핵이 이들만으로 이루어져 있다면 안정한 상태를 유지할 수 없을 것이다. 원자핵이 양성자의 척력을 극복하고 견고하게 유지되는 것은 이들 사이에 전기력 외에 핵력이 추가로 작용하기 때문이다. 핵력이 작용하지 않는다면 이 세상은 산산이 흩어진 아원자입자subatomic particles(원자를 구성하는 입자들)의 구름으로 덮여 있을 것이다.

강력은 다양한 화학원소를 무한히 긴 시간 동안 안정한 상태로 유지할 수 있을 정도로 강력하다. 특히 양성자와 중성자의 수가 같거나 비슷한 원소들은 우주가 탄생한 후 줄곧 안정한 상태를 유지해왔다. 그러나 원자핵에 양성자와 중성자가 너무 많으면 몇 가지 이유로 안정한 상태를 유지하기가 어려워진다. 양성자가 너무 많으면 전기적 척력이 강하게 작용하여 원자핵이 산산이 흩어지고, 중성자가 너무 많으면 상태가 불안정하여 자연적으로 붕괴된다. 특히 약력은 중성자를 영원히 잡아둘 정도로 강하지 않기 때문에, 붕괴를 초래하는 원인으로 지목되고 있다. 예를 들어 자유중성자free neutron(원자핵에 속하지 않고 홀로 돌아다니는 중성자 – 옮긴이) 한 줌을 용기에 넣어두면 14분 만에 절반이 붕괴된다. 중성자가 붕괴되면 양성자와 전자, 그리고 유령 같은 반뉴트리노anti-neutrino가 남는데, 자세한 내용은 나중에 다룰 예정이다.

핵력의 특성을 알아내기 어려운 또 하나의 이유는 핵의 크기가 너무나 작기 때문이다. 원소의 종류에 따라 약간의 차이가 있지만, 평균적으로 핵의 지름은 원자 지름의 10만 분의 1밖에 안 된다. 그러므로 원자핵의 내부를 탐색하려면 엄청나게 빠른 속도로 탐사 입자를 발사하는 입자가속기particle accelerator가 있어야 한다. 20세기 초에 러더퍼드는 납 상자 속에 넣어둔 라듐에서 방사선이 방출되는 것을 목격하고, 이것을 탐사 입자로 삼아 산란 실험을 실행하여 원자핵의 존재를 알아냈다. 그러나 이제는 원자의 내부가 아니라 '원자핵의 내부'를 탐사해야 하기 때문에, 더욱 강력한 복사를 내뿜는 에너지원이 필요했다.

1929년에 미국의 물리학자 어니스트 로런스가 사이클로트론cyclotron이라는 장치를 발명했다. 이것은 요즘 사용되는 초대형 입자가속기의 전신에 해당한다. 사이클로트론의 원리는 의외로 매우 간단하다. 미리 만들어놓은 자기장 안으로 양성자빔을 발사하면 자기력의 영향을 받아 원형 궤적을 그리게 되는데, 한 바퀴(또는 반 바퀴) 돌 때마다 전기장을 이용하여 에너지를 주입하면 얼마 지나지 않아 양성자빔의 에너지가 수백만 eV(에너지의 단위 전자볼트), 또는 수십억 eV까지 증가한다(나는 고등학생 시절에 전자를 가속시키는 베타트론betatron을 직접 만든 적이 있다. 입자가속기의 기본원리는 그 정도로 간단하다).

이렇게 가속된 양성자빔을 목표물을 향해 발사하면 그 안에 들어 있는 양성자와 충돌하면서 온갖 입자들이 튀어나온다. 과학자들은 이 과정을 통해 이제껏 발견된 적 없는 새로운 입자를 무더기로 발견할 수 있었다(사실 입자빔으로 양성자를 때리는 것은 매우 둔탁한 방법이다. 비유하자면 피아노를 창밖으로 던져서 부서지는 소리를 분석하여 피아노의 세부구조를 추적하는 것과 비슷하다. 그러나 원자핵과 양성자의 내부구조를 탐색하려면 이 방법밖에 없다).

물리학자들은 1950년대부터 입자빔으로 양성자를 때리는 실험을 본격적으로 시작했는데, 입자의 종류가 예상했던 것보다 너무 많아서 큰 혼란에 빠졌다.

정말이지 주체할 수 없을 정도로 많았다. 자연은 더 깊이 파고 들어갈수록 단순해진다고 믿었는데, 실상은 정반대였다. 아마도 양자물리학자들이 아인슈타인과 의견 일치를 본 것은 이때가 처음이었을 것이다. '혹시 신은 정말로 악의적인 존재가 아닐까?'

연일 홍수처럼 쏟아지는 입자 목록에 질릴 대로 질린 로버트 오펜하이머는 '금년 노벨상은 새로운 입자를 하나도 발견하지 않은 물리학자에게 줘야 한다'고 할 정도였고, 엔리코 페르미는 "내가 그 많은 입자 이름을 다 외울 정도로 암기력이 좋았다면 진작에 식물학자가 되었을 것"이라고 했다.[7]

물리학자들은 입자의 바다에 빠져 익사할 지경이었다. 어찌나 혼란스러웠는지, 일각에서는 인간의 지성이 아원자 영역을 이해하기에 턱없이 부족할지도 모른다는 자조 섞인 불가지론이 대두되기도 했다. 개에게 미적분학을 가르칠 수 없듯이, 인간은 원자핵에서 일어나는 일을 절대로 이해할 수 없다는 것이다.

이 혼란스러운 상황을 진정시킨 사람은 캘리포니아공과대학(칼텍Caltech)의 물리학자 머리 겔만과 그의 동료들이었다. 겔만은 양성자와 중성자가 기본입자가 아니라, 쿼크라는 더 작은 입자로 이루어져 있다고 주장함으로써 부분적으로나마 문제를 해결했다.

쿼크 가설은 단순한 모형이었지만, 입자를 몇 개의 그룹으로 분류하는 데 매우 효과적이었다. 과거에 멘델레예프가 원소를 화학적 특성에 따라 분류했던 것처럼, 겔만은 자신의 분류표에서 빈칸으로 남은 부분에 '강한 상호작용(핵력)을 교환하면서 아직 발견되지 않은 입자가 존재할 것'이라고 예견했다. 그 후 1964년에 쿼크모형에서 예견된

'오메가 마이너스(Ω⁻)'라는 입자가 발견됨으로써 겔만의 이론이 검증되었고, 그는 이 공로를 인정받아 1969년에 노벨상을 수상했다.

쿼크모형이 수많은 입자를 통일할 수 있었던 것은 대칭에 기초한 이론이었기 때문이다. 과거에 아인슈타인은 시간과 공간을 맞바꿔도 이론이 변하지 않는 4차원 시공간 대칭을 도입하여 역사에 길이 남을 상대성이론을 완성했다. 겔만은 세 개의 쿼크를 포함하는 방정식을 제안했는데, 방정식 안에서 쿼크를 이리저리 맞바꿔도 방정식의 형태는 변하지 않는다. 즉, 겔만의 방정식은 쿼크의 맞교환에 대하여 대칭적이다.

극과 극의 두 인물(2) : 파인먼과 겔만

QED의 재규격화에 성공한 리처드 파인먼과 쿼크를 도입한 겔만은 둘 다 칼텍의 교수였지만 성격과 기질은 완전히 정반대였다.

영화나 드라마에서 물리학자는 〈백 투 더 퓨처Back to the Future〉의 브라운 박사처럼 살짝 미친 과학자나 〈빅뱅이론Big Bang Theory〉의 등장인물처럼 무기력한 괴짜로 묘사되곤 한다. 그러나 현실세계의 과학자는 다른 사람들처럼 다양한 성격을 갖고 있다.

파인먼은 쇼맨십이 강한 재담꾼이자 광대 같은 성격의 소유자로서 말투도 막일하는 노동자를 연상케 할 정도로 투박했지만, 정곡을 찌르는 그의 강의는 따라올 사람이 없었다(그는 2차 세계대전 중 맨해튼 프로젝트에 차출되어 로스앨러모스 국립연구소에서 일한 적이 있다. 이때 그는 손재주를 십분 발휘하여 원자폭탄 관련 1급 비밀문서가 보관된 금고를 열고 '누군가가 금고 안을 보고 갔다'는 내용의 암호를 남겨두었다. 다음날 암호를 발견한 담당자는 대경실색하여 1급 경계령을 내렸고, 연구소의 모든 사람들은 한동안 공포에 떨었다). 전통이나 관습에 손톱만큼도 얽매이지 않았던 그는 유체이탈의 진상을 밝히겠다며 고압실에 스스로 들어가 문을 걸어 잠그기도 했다.

그러나 겔만은 파인먼과 정반대로 전통적인 신사였으며, 말투와 매너도 흠잡을 데가 없었다. 그는 사람들과 대화하는 것보다 조류 관찰과 골동품 수집을 좋아했고, 언어학과 고고학에도 관심이 많았다. 파인먼과 겔만은 이렇게 극과 극이었지만 결단력과 추진력은 두 사람 다 타의 추종을 불허하여, 양자이론의 수수께끼를 푸는 데 핵심적인 역할을 했다.

약력과 유령입자

한편, 강력의 100만분의 1에 불과한 약력에 대해서도 많은 사실이 밝혀졌다.

약력은 다양한 원자의 핵을 단단하게 유지시킬 정도로 강하지 않기 때문에, 주로 원자핵이 더 작은 입자로 붕괴되는 과정에 관여한다. 앞서 말한 대로 지구의 내부가 뜨거운 이유는 그곳에서 방사성붕괴가 일어나고 있기 때문이다. 그러므로 화산폭발과 지진을 일으키는 막대한 에너지의 원천은 약력인 셈이다. 중성자는 상태가 불안정하여 양성자와 전자로 붕괴되는데(이것을 베타붕괴beta decay라 한다), 붕괴 전과 붕괴 후의 물리량이 보전되려면 제3의 입자가 도입되어야 한다. 이것이 바로 유령입자로 알려진 뉴트리노이다.

물리학자들이 뉴트리노를 유령에 비유하는 이유는 행성 전체를 뚫고 지나갈 정도로 투과력이 강하기 때문이다. 지금 이 순간에도 우주에서 날아온 수많은 뉴트리노들이 당신의 몸을 관통하고 있으며, 이들 중에는 두께가 4광년(약 40조 킬로미터)에 달하는 초대형 납덩어리를 가뿐하게 통과하는 것도 있다.

1930년에 뉴트리노의 존재를 예견한 파울리는 훗날 이런 말을 남겼다. "결코 관측할 수 없는 입자를 이론에 도입했으니, 결국 제가 죄인입니다."[8] 유령 같은 뉴트리노는 물리학자들의 애간장을 있는 대로 태우다가 1956년에 원자력발전소에서 방출된 복사에너지에서 마침내 발견되었다 (뉴트리노는 일상적인 물질과 상호작용을 거의 하지 않는다. 다시 말해서, 상호작용을 할 확률이 지극히 낮다는 뜻이다. 그래서 물리학자들은 낮은 확률을 극복하기 위해 엄청나게 많은 뉴트리노를 관측 대상으로 삼았다. 당첨 확률이 100만분의 1인 로또 복권을 수백만 장 사들여서 기어이 당첨금을 받아낸 것과 비슷하다).

물리학자들은 약한 핵력을 이해하기 위해 새로운 대칭을 도입했다. 전자와 뉴트리노는 약한 상호작용을 하면서 쌍을 이루고 있으므로, 새로 도입한 대칭을 통해 한 쌍으로 묶을 수 있다. 그리고 이 대칭을 맥스웰 이론의 대칭에 결합한 것이 전자기력과 약력을 통일한 약전자기이론elec-troweak theory이다.

스티븐 와인버그와 셸던 글래쇼, 그리고 압두스 살람은 약전자기이론을 구축한 공로를 인정받아 1979년에 노벨상을 받았다(세 사람 모두 독자적으로 연구를 수행했다 - 옮긴이).

아인슈타인은 빛과 중력을 통일하려고 노력했으나, 결국 빛은 중력이 아닌 약력과 통일되었다.

강력은 양성자와 중성자가 세 개의 쿼크로 이루어져 있

다는 겔만의 대칭에 기초한 이론이고, 약력은 전자와 뉴트리노 사이의 대칭에 기초하여 전자기력을 결합한 이론이다(약력의 대칭은 강력의 대칭보다 규모가 작다).

쿼크모형과 약전자기이론은 난장판에 가까웠던 입자 동물원을 성공적으로 설명했지만 중요한 문제가 여전히 남아 있었다. '이 모든 입자들을 어떻게 하나로 묶을 것인가?'

양-밀스 이론

맥스웰이 장場의 개념을 이용하여 전자기력의 특성을 성공적으로 예견한 후로, 물리학자들은 맥스웰 방정식보다 강력한 새로운 방정식을 찾아왔다. 그리고 1954년에 중국 태생의 미국 물리학자 양전닝과 로버트 밀스가 드디어 답을 찾아냈다. 1861년에 맥스웰은 단 하나의 장(전자기장)으로 모든 것을 설명했지만, 양전닝과 밀스가 제안한 장은 하나가 아니라 여러 개였다. 이들을 양-밀스 장Yang-Mills fields이라 한다. 두 사람은 겔만이 쿼크를 재배열하는 데 사용했던 대칭을 비슷한 형태로 도입하여 양-밀스 장들을 재배열하는 데 사용했다.

기본 아이디어는 매우 간단하다. 원자의 형태를 유지시키는 전기장은 맥스웰 방정식으로 서술된다. 그러므로 맥스웰 방정식을 일반화시키면 쿼크를 하나로 묶어주는 장,

즉 양-밀스 장을 서술할 수 있다. 쿼크를 설명하기 위해 도입했던 대칭은 이제 양-밀스 장에 적용된다.

그러나 이 아이디어는 수십 년 동안 학계의 주목을 받지 못했다. 주된 이유는 양-밀스 입자의 특성을 계산한 결과가 초창기 QED처럼 무한대로 판명되었기 때문이다. 파인먼이 도입했던 재규격화 트릭도 양-밀스 이론에는 무용지물이었다. 걸출한 천재가 나타나서 돌파구를 찾지 않는 한, 물리학자들은 유한한 핵력이론을 그림의 떡처럼 바라볼 수밖에 없었다.

그러던 어느 날, 드디어 그 걸출한 천재가 나타났다. 주인공은 네덜란드의 대학원생 헤라르뒤스 토프트였다. 그는 수없이 많은 항들을 헤집고 나아가 양-밀스 장을 끝내 재규격화시킬 정도로 대담하고 진취적인 청년이었다. 다행히도 이 무렵(1970년대 초)에는 무한대를 분석할 수 있을 정도로 컴퓨터의 성능도 향상된 상태였다. 토프트는 자신이 직접 짠 계산 프로그램을 돌리다가 출력 단말기에 '0'이라는 숫자가 줄줄이 나타나는 것을 보고 자신이 옳았음을 확신하게 되었다.

이 소식은 곧바로 물리학계에 퍼져나갔고, 약전자기이론을 구축했던 셸던 글래쇼는 "그 친구는 완전 멍청이거나 입문한 지 겨우 몇 년 만에 물리학을 정복한 천재이거나,

둘 중 하나임이 분명하다"며 고개를 저었다.[9]

토프트와 그의 지도교수였던 마르티뉘스 펠트만은 이 공로를 인정받아 1999년에 노벨상을 수상했다. 이로써 물리학자들은 핵력과 관련된 입자를 하나로 묶고 약력을 서술하는 새로운 장을 확보하게 되었다. 특히 쿼크에 적용되는 양-밀스 장을 글루온gluon이라 하는데, 그 이유는 이 장이 쿼크를 '접착제glue로 붙인 것처럼' 단단하게 결합시키기 때문이다(실제로 컴퓨터 시뮬레이션을 해보면 양-밀스 장이 당밀처럼 걸쭉한 물질로 응축되어 쿼크를 결합시키는 모습을 볼 수 있다). 이 과정을 수학적으로 구현하려면 겔만의 대칭을 만족하는 세 종류의 쿼크가 필요한데, 물리학자들은 이것을 편의상 색으로 구분하기로 합의했다(물론 쿼크가 진짜 색을 띠는 것은 아니다). 그래서 새로 등장한 이론은 양자색역학quantum chromodynamics(QCD)으로 명명되었으며, 지금도 강력을 서술하는 가장 정확한 이론으로 남아 있다.

힉스보손 – 신의 입자

긴 터널을 빠져나온 입자물리학자들은 지금까지 밝혀진 모든 내용을 하나로 묶어서 '표준모형Standard Model'이라는 이론으로 정리했다. 소립자에서 야기된 혼돈이 걷히고 새로운 체계가 세워진 것이다. 양-밀스 장(글루온)은 양성자와 중성자 안에서 쿼크를 결합시키고, 또 다른 양-밀스 장(W입자와 Z입자)은 전자와 뉴트리노의 상호작용을 설명해주었다.

그러나 표준모형에도 여전히 문제점이 남아 있었다. 퍼즐의 마지막 조각에 해당하는 힉스보손Higgs boson('신의 입자God particle'라 불리기도 한다)이 누락되었기 때문이다. 대칭만으로는 완전한 이론이 될 수 없다. 전자기력과 약력이 통일되었다고는 하지만 이들 사이의 대칭은 우주 초창기에 존재했을 뿐, 현재의 우주는 완벽하게 대칭적이지 않다. 그러므로 완전한 이론이 되려면 대칭이 붕괴된 원인과 과정까지 설명해야 한다.

현재 우주에 존재하는 네 종류의 힘은 각기 다른 방식으로 작용하고 있다. 중력, 빛(전자기력), 그리고 핵력(약력과 강력)은 언뜻 보기에 공통점이 전혀 없는 것 같다. 그러나 시간을 거슬러 올라가면 이 힘들이 조금씩 비슷해지다가, 창조의 순간(빅뱅)까지 가면 하나로 통일된다.

그리하여 물리학자들은 우주론cosmology의 최고 미스터리인 창조의 순간에 입자물리학을 적용하기 시작했다. 완전히 다른 분야였던 양자역학과 일반상대성이론이 어쩔 수 없이 한배를 타게 된 것이다.

이 새로운 그림에 의하면 빅뱅이 일어나던 순간에 네 가지 힘은 거대한 마스터대칭을 만족하는 하나의 '초힘 superforce'으로 통일되어 있었다. 마스터대칭이 존재하던 시절에는 우주의 모든 입자를 아무렇게나 맞바꿔도 우주의 물리적 상태는 달라지지 않았으며, 이들 사이에 작용하는 초힘은 소위 말하는 '신의 방정식God Equation'을 따르고 있었다. 그것은 아인슈타인을 비롯한 그 누구도 떠올린 적 없는 초대형 대칭이었다.

그러나 빅뱅이 일어난 후 우주는 빠르게 팽창하기 시작했고, 온도가 급격하게 떨어지면서 대칭이 몇 개의 조각으로 분해되어 오늘날 표준모형에서 말하는 약력과 강력의 대칭으로 남게 되었다. 이 과정을 '대칭붕괴symmetry breaking'라 한다. 그러므로 표준모형이 완벽해지려면 원래의 마스터대칭이 붕괴되어 지금과 같은 힘으로 분리되는 과정을 설명할 수 있어야 한다. 힉스보손이 등장하는 것은 바로 이 시점이다.

댐으로 막혀 있는 저수지를 예로 들어보자. 저수지의 물은 대칭적이다. 물을 임의의 방향으로 회전시켜도 형태가 변하지 않기 때문이다. 또한 물은 언제나 낮은 곳을 향해 흐른다. 물을 포함한 모든 물체는 뉴턴의 법칙에 의해 낮은 에너지상태를 선호하기 때문이다. 댐이 무너지면 물은 낮은 에너지상태를 향해 쏟아져 내릴 것이다. 그러므로 무너지지 않은 댐에 갇힌 저수지의 물은 높은 에너지상태에 있다. 물리학자들은 이것을 '가짜진공false vacuum'이라 부른다. 댐이 없다면 자연스럽게 흘러서 계곡 아래의 '진정한 저에너지상태'로 흘렀을 물이 댐 때문에 불안정한 정지상태를 유지하고 있기 때문이다. 즉, 댐이 무너지면 원래의 대칭이 붕괴되면서 저수지의 물은 진정한 바닥상태ground state(에너지가 가장 낮은 상태)로 이동한다.

이런 현상은 물이 끓기 시작할 때도 나타난다. 끓기 직전의 물은 가짜진공에 놓여 있으며, 상태는 불안정하지만 대칭적이다. 즉, 물을 임의의 방향으로 회전시켜도 외형은 변하지 않는다. 간간이 생기는 작은 거품들은 주변 물보다 낮은 에너지상태에 있지만, 계속 주입되는 열에너지 때문에 서서히 팽창하다가 서로 합쳐지고, 결국은 불의 일부가되어 끓기 시작한다.

이 시나리오에 의하면 우주는 원래 완벽한 대칭을 갖고 있었다. 모든 입자들은 동일한 대칭의 일부였고, 질량은 한결같이 0이었다. 질량이 없기 때문에 배열상태를 바꿔도 방정식이 변하지 않았다. 그러나 어떤 미지의 원인에 의해 상태가 불안정해지면서 가짜진공상태에 놓이게 되었다. 이들이 진짜진공true vacuum(대칭이 붕괴된 상태)으로 이동하는 데 필요한 것이 바로 힉스장Higgs field이다. 패러데이의 전기장이 공간의 모든 곳으로 퍼지는 것처럼, 힉스장도 시공간 전체에 골고루 퍼져나갔다.

그러나 알 수 없는 이유로 인해, 어느 순간부터 힉스장의 대칭이 붕괴되어 장에 작은 거품이 생성되기 시작했다. 거품 바깥에서는 모든 입자의 질량이 여전히 0이었지만, 거품 내부의 입자들 중 일부는 질량을 갖게 되었다. 빅뱅이 진행됨에 따라 거품은 빠르게 팽창했고, 그 안에 있는 입자들이 각기 다른 질량을 획득하면서 원래의 대칭이 붕괴되었으며, 결국 우주 전체가 거대한 거품 안에서 새로운 진공상태에 놓이게 되었다.

수많은 물리학자들의 노력은 1970년대부터 조금씩 결실을 맺기 시작했다. 수십 년 동안 황무지를 헤맨 끝에, 드디어 퍼즐 조각이 하나둘씩 맞아 들어가기 시작한 것이다. 세 개의 이론(강력, 약력, 전자기력)을 적절히 꿰어 맞추면 실험실에서 얻은 데이터를 정확하게 재현하는 일련의 방정식을 유도할 수 있을 것 같았다.[10]

문제의 핵심은 각기 다른 세 개의 작은 대칭을 규합하여 하나의 마스터대칭을 만드는 것이었다. 첫 번째 대칭은 세 개의 쿼크를 섞어서 강력을 서술하는 대칭이고, 두 번째는 전자와 뉴트리노를 섞어서 약력을 서술하는 대칭이며, 세 번째는 맥스웰의 이론에 존재하는 대칭이다. 이들을 엮어서 만든 이론은 전혀 깔끔하지 않고 아름답지도 않았지만, 반론을 제기하기도 쉽지 않았다.

거의 모든 것의 이론

표준모형은 놀랍게도 빅뱅 직후의 순간까지 거슬러 올라가서 우주 초기에 존재했던 물질의 특성까지 정확하게 예측할 수 있었다.

표준모형은 아원자 세계에 대하여 많은 사실을 알아냈지만, 몇 가지 눈에 띄는 단점을 갖고 있다. 첫째, 표준모형은 중력에 대해 아무런 설명도 제공하지 않는다. 중력은 우주의 거시적 거동을 좌우하는 힘이므로, 중력이 누락된 이론은 완전한 이론이 될 수 없다. 물리학자들은 표준모형에 중력을 포함시키기 위해 안 해본 짓이 거의 없을 정도로 무진 애를 써왔지만, 중력에 양자보정을 가하기만 하면 (과거에 QED와 양-밀스 입자들이 그랬던 것처럼) 예외없이 무한대가 튀어나와 모든 것을 망쳐놓았다. 그래서 표준모형으로는 '빅뱅 이전에 무엇이 있었는가?', '블랙홀의 내부에는 무엇이 있는가?' 등 우주의 오래된 질문에 답할 수 없다(이 질문은 나중에 다시 언급될 것이다).

둘째, 표준모형은 각기 다른 힘을 서술하는 여러 이론을

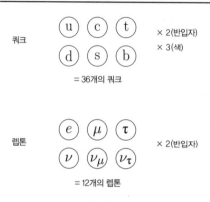

표준모형

퀴크
u c t   × 2(반입자)
d s b   × 3(색)

= 36개의 퀴크

렙톤
e μ τ   × 2(반입자)
ν $ν_μ$ $ν_τ$

= 12개의 렙톤

+ 양-밀스 게이지 입자들 + 힉스입자

그림-9 표준모형은 양자적 우주를 정확하게 서술하는 이론으로, 기이한 입자들이 무더기로 등장한다. 이 목록에는 36개의 퀴크와 반퀴크, 약력을 주고받는 12개의 입자와 반입자(이들을 렙톤, 또는 경입자라 한다), 여러 개의 양-밀스 장, 그리고 힉스장의 에너지준위가 높아질 때 생성되는 힉스보손이 포함되어 있다.

인위적으로 묶어놓았기 때문에 다소 부자연스러우면서 누더기 같은 인상을 준다[11](한 물리학자는 '표준모형을 칭찬하는 것은 마치 오리너구리와 땅돼지, 고래를 하나로 묶어서 희한한 동물을 만들어놓고 자연에서 가장 아름다운 생명체라고 우기는 것과 비슷하다. 그런 동물을 예뻐할 생명체는 엄마밖에 없다'고 말했다).

셋째, 표준모형에는 이론으로 결정할 수 없는 변수가 여러 개 존재한다[쿼크의 질량, 상호작용(힘)의 세기 등]. 변수의 값을 실험 데이터에 기초하여 손으로 직접 입력한다는 것은 그 값의 출처를 모른다는 뜻이며, 이론에 대한 이해가 그만큼 부족하다는 뜻이기도 하다. 표준모형에는 이렇게 난처한 변수가 거의 20개나 된다.

넷째, 표준모형에는 쿼크와 전자, 그리고 뉴트리노가 한 종류만 있는 게 아니라 무려 세 종류나 등장한다(물리학자들은 이것을 '세대generation'라고 부른다. 1세대 입자, 2세대 입자⋯ 등으로 부르는 식이다. 여기에 3가지 색color과 반입자까지 고려하면 쿼크는 총 36종이며, 여기에 자유변수 20개가 추가된다). 우주를 운영하는 기본법칙치곤 너무 장황하고 너저분하지 않은가?

대형 강입자충돌기

과학의 중요성을 인지한 국가들은 차세대 입자가속기 건설에 수십억 달러의 거금을 아낌없이 쏟아붓는다. 현재 이 분야의 세계 챔피언은 스위스 제네바에 있는 대형 강입자충돌기(LHC)로서, 과학 역사상 가장 큰 가속기이자 가장 비싼 가속기이기도 하다(건설 비용은 120억 달러가 넘었으며, 둘레는 거의 27km에 달한다).

LHC를 하늘에서 내려다보면 스위스와 프랑스 국경에 걸쳐 있는 거대한 도넛을 연상케 한다. 튜브 안에서는 양성자가 거의 광속에 가까운 속도로 가속되고 있는데, 이들이 반대편에서 오는 고에너지 양성자빔과 정면으로 충돌하여 무려 14조eV에 달하는 에너지를 방출하고 엄청나게 많은 입자를 만들어낸다. 그러면 세계에서 가장 강력한 컴퓨터가 입자구름을 분석하여 정확한 결론을 내려준다.

LHC의 목적은 빅뱅 직후의 초고에너지상태를 재현하여 불안정한 입자들을 만들어내는 것이다. 2012년에 표준모형의 마지막 퍼즐 조각이었던 힉스보손이 발견되면서, LHC는 자신의 존재 가치를 확실하게 입증했다.

힉스보손 덕분에 고에너지 물리학은 한동안 행복한 나날을 보냈다. 그러나 물리학자들은 아직 갈 길이 멀다는 것을 누구보다 잘 알고 있었다. 표준모형이 양성자의 내부에서 관측 가능한 우주의 가장자리에 이르기까지 모든 입자의 상호작용을 설명한다는 것은 분명한 사실이지만, 문제는 이론이 아름다움과 담을 쌓았다는 점이다. 과거에는 물리학자들이 물질의 특성을 탐구할 때마다 우아한 대칭이 발견되었기 때문에, 가장 근본적인 단계에서 물질의 본성을 서술하는 이론이 볼썽사납다는 것은 별로 좋은 징조가 아니었다.

현실세계에서 기념비적인 성공을 거두었음에도 불구하고, 표준모형은 궁극의 이론으로 가는 중간 단계일 가능성이 높다. 이것은 대부분의 물리학자들도 인정하는 사실이다.

양자이론을 아원자입자에 적용하여 커다란 성공을 거두고 잔뜩 고무된 물리학자들은 수십 년 동안 눈엣가시였던 일반상대성이론을 재검토하기 시작했다. 일반상대성이론에 양자역학을 적용하여, 표준모형과 중력을 하나로 통일한다는 원대한 꿈을 꾸게 된 것이다. 만일 이 연구가 성공한다면 표준모형과 일반상대성이론에 양자보정이 모두 가능한 이론, 즉 '만물의 이론'이 완성되는 셈이다.

과거의 재규격화이론은 QED와 표준모형에서 무한대로 나타난 양자보정을 상쇄시키는 교묘한 트릭이었다. 그 핵심 논리는 전자기력과 핵력을 각각 광자와 양-밀스 입자로 표현한 후, 계산 과정에서 나타난 무한대를 다른 곳으로 흡수시켜서 유한한 결과가 나오도록 만드는 것이다. 보기만 해도 골치 아픈 무한대를 디랙의 말처럼 카펫 밑으로 쓸어 넣었으니, 외견상 문제는 해결된 셈이다.

물리학자들은 이미 검증된 방법을 아인슈타인의 일반상대성이론에 그대로 적용하여 중력을 매개하는 입자인 '중력자graviton'를 도입했고, 이로써 아인슈타인이 구축했던 매끈한 시공간은 수조 개의 중력자 구름으로 에워싸인 모호한 곳이 되었다.

그러나 안타깝게도 지난 70년 동안 통해왔던 트릭이 중력자에는 전혀 먹혀들지 않았다. 중력자의 양자보정에서 나타난 무한대는 정도가 너무 심하여 카펫 밑으로 숨길 수도 없었다. 승승장구하던 물리학의 앞길에 갑자기 빨간불이 켜진 것이다.

낙심한 물리학자들은 좀 더 현실적인 목표를 세웠다. 중력의 양자이론(또는 양자중력이론)을 구축할 수 없는 상황에서 그들이 시도할 수 있는 차선책은 중력을 그대로 놔둔 채 일상적인 물질을 양자화했을 때 나타나는 현상을 추적하는 것이었다. 다시 말해서, 중력을 건드리지 않고 별과 은하에 의한 양자보정을 계산한다는 뜻이다. 원자의 양자이론을 디딤돌로 삼아 양자중력이론으로 가는 길을 모색하기로 한 것이다.

목표는 겸손하게 잡았지만, 우주로 관심을 돌린 물리학자들은 새롭고 신비한 현상을 무더기로 발견하여 우주에 대한 기존의 관점을 송두리째 바꿔놓았다. 블랙홀과 웜홀, 암흑물질dark matter, 시간여행, 그리고 우주 창조 가설 등은 이 시기에 양자물리학자들이 양자중력의 차선책을 모색하다가 새로 개척한 분야이다.

그러나 우주의 신비한 현상들이 새롭게 발견되면서, 궁극의 이론은 표준모형의 입자뿐만 아니라 온갖 신기한 우주 현상까지 설명해야 하는 더욱 큰 짐을 떠안게 되었다.

5

캄캄한 우주

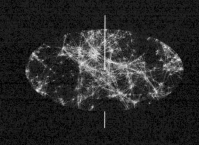

THE GOD EQUATION

2019년의 어느 날, 놀라운 기사가 각종 매체와 인터넷 뉴스의 헤드라인을 장식했다. "천문학자들, 드디어 블랙홀 사진을 찍는 데 성공하다." 뜨거운 기체로 이루어진 붉은색 구체의 중앙에 마치 구멍이 뚫린 듯 검은 실루엣이 또렷하게 드러난 그 사진은 수십억 독자의 마음을 완전히 사로잡았다. 블랙홀은 전문 과학자들뿐만 아니라 일반 대중에게도 매우 흥미로운 천체여서, 이미 오래전부터 각종 과학다큐멘터리나 영화의 단골 메뉴로 자리잡아왔다.

이벤트 호라이즌 망원경Event Horizon Telescope(EHT)이라는 초대형 관측 장비로 촬영한 이 블랙홀은 지구로부터 5,300만 광년 떨어져 있는 M87 은하의 내부에 자리잡고 있는데, 질량이 태양의 50억 배에 달하고 크기도 상상을 초월하여 우리 태양계 전체(2006년에 호적에서 파낸 명왕

성까지 포함해서!)가 사진 속에 드러난 블랙홀의 실루엣 안에 가뿐히 들어가고도 남을 정도였다.

이 한 장의 사진을 찍기 위해, 천문학자들은 문자 그대로 '초대형 슈퍼망원경'을 만들었다. 일반적으로 전파망원경은 아주 먼 곳에서 날아온 희미한 신호로 영상을 만들 만큼 예민하지 않은데, 주된 이유는 덩치가 작기 때문이다. 2019년에 찍은 사진은 전 세계에 흩어져 있는 다섯 개의 전파망원경에 도달한 신호를 하나로 엮어서 만들어낸 것이다. 이 프로젝트에 참여한 천문학자들은 각 망원경에 도달한 다양한 신호를 슈퍼컴퓨터로 조합했다. 이 과정을 거치면 지구 크기의 초대형 전파망원경으로 관측한 것과 동일한 효과를 볼 수 있는데, 이것이 바로 위에서 언급한 이벤트 호라이즌 망원경, 즉 EHT이다. 이 망원경은 달 표면에 놓인 오렌지 한 개를 촬영할 수 있을 정도로 막강한 성능을 발휘했다.

블랙홀의 증명사진을 비롯하여 다양한 천체사진이 공개되면서, 아인슈타인의 상대성이론이 다시 주목받기 시작했다. 사실 지난 50년 동안 일반상대성이론은 그 가치에 비해 서운할 정도로 홀대를 받아왔다. 방정식을 풀기가 너무 어렵고 툭하면 변수가 수백 개까지 늘어나는 것도 문제였지만, 더 큰 문제는 실험 장비가 너무 비싸다는 점이었다(일반상대성이론의 효과를 감지하는 장치는 크기가 몇 미터 단위가 아니라 몇 킬로미터 단위이다).

아인슈타인은 세상을 떠나는 날까지 양자역학을 인정하지 않았지만 양자물리학자들은 양자이론을 일반상대성이론에 접목시키기 위해 무던히도 애를 써왔고, 그 결과 현재 상대성이론은 새로운 르네상스를 맞이하고 있다. 앞서 말한 대로 중력의 양자보정에서 나타나는 무한대를 제거하고 중력을 완전히 이해하는 것은 결코 쉬운 일이 아니다. 그러나 물리학자들은 (중력보정을 무시한 채) 양자역학을 별에 적용하여 수많은 사실을 알아냈을 뿐만 아니라, 우주론이라는 새로운 과학의 지평을 열었다.

블랙홀의 정체

블랙홀의 이론적 기원은 17세기에 탄생한 뉴턴의 중력이론까지 거슬러 올라간다. 그의 명저 《프린키피아》에는 간단한 그림과 함께 다음과 같은 설명이 달려 있다. '충분히 빠른 속도로 포탄을 발사하면, 지구를 완전히 한 바퀴 돌아 처음 위치로 되돌아온다.'

물론 대포를 수평 방향으로 발사했을 때 그렇다는 뜻이다. 만일 포신을 지면과 수직하게 세워서 위로 발사하면 어떻게 될까? 뉴턴은 이런 경우 포탄이 최고 높이에 도달한 후 다시 지면으로 떨어진다고 생각했다. 그러나 포탄의 속도가 충분히 빨라서 탈출속도escape velocity(지구의 중력을 벗어나는 데 필요한 최소한의 속도)에 도달하면 다시 떨어지지 않고 우주공간으로 계속 날아간다.

뉴턴의 법칙으로 계산된 지구의 탈출속도는 약 시속 4만 킬로미터이다. 1969년에 아폴로 11호 우주선은 지구를 떠날 때 바로 이 속도에 도달했다. 우주선이 탈출속도에 도달하지 못하면 인공위성처럼 공전궤도에 진입하거나 지면으로 추락한다(시속 4만 킬로미터면 마하 35쯤 된다. 이런 무지막지한 속도로 날아가도 우주인들이 안전한 이유는 가속도가 작기 때문이다. 즉, 탈출속도에 도달할 때까지 우주선을 천천히 가속시키면 우주인에게 가해지는 G-포스가 작아서 충분히 견딜 수 있다 - 옮긴이).

1783년에 영국의 자연철학자이자 천문학자였던 존 미첼은 간단한 질문을 떠올렸다. '탈출속도가 광속보다 크면 어떤 일이 벌어질까?' 아주 거대한 천체에서 방출된 빛은 아무리 달려도 탈출속도를 초과할 수 없기 때문에, 다시 별의 표면으로 떨어질 것 같다. 다시 말해서, '빛조차 탈출할 수 없는' 거대한 감옥이 되는 것이다. 미첼은 이런 별을 '검은 별black star'이라 불렀다. 빛이 중력에 갇혀서 빠져나오지 못하면, 외부에서 볼 때 완전히 검은색으로 보이기 때문이다. 그러나 1700년대의 과학자들은 별에 대해 아는 것이 거의 없었고 빛의 속도가 얼마인지도 몰랐기 때문에, 미첼의 가설은 별 관심을 끌지 못했다.

1차 세계대전이 한창이던 1916년, 당시 마흔세 살이었던 독일의 물리학자 카를 슈바르츠실트는 러시아 전선의 포병부대에 배치되어 치열한 전투를 치르고 있었다. 총알이 머리 위를 날아다니는 와중에도 그는 틈틈이 시간을 내어 아인슈타인이 1915년에 발표한 일반상대성이론 논문을 읽다가 아인슈타인 방정식을 만족하는 정확한 해를 떠올렸다. 학자들도 못한 일을 전쟁터의 군인이 해낸 것도 대단하지만, 아이디어가 정말 기발하다. 그는 일반상대성이론을 은하나 우주 전체에 적용하는 대신, 가장 간단한 물체인 점입자에 적용해보았다. 커다란 천체도 충분히 먼 거리에서 보면 점처럼 보이므로, 점입자가 만드는 중력장은 커다란 구형 천체가 만든 중력장을 먼 거리에서 바라본 것과 비슷하다. 게다가 이 계산 결과는 실험으로 확인할 수도 있다.

아인슈타인은 슈바르츠실트의 논문을 읽고 흥분을 감추지 못했다. 그는 슈바르츠실트가 찾은 해가 '태양의 중력에 의해 휘어지는 별빛'이나 '서서히 이동하는 수성의 공전궤도'처럼 자신의 이론을 더욱 정확하게 검증하는 수단임을 깨닫고, 방정식의 대략적인 해를 찾던 기존의 연구를 걷어치우고 이론의 정확한 결과를 계산하기 시작했다. 지금 우리가 블랙홀의 특성을 이해할 수 있는 것은 두 사람의 연구 덕분이라고 해도 과언이 아니다(슈바르츠실트는 1916년 3월에 전역했으나 전쟁터에서 얻은 질병 때문에 그해 5월에 세상을 떠났다. 슬픔에 빠진 아인슈타인은 그의 영전에 심금을 울리는 추도사를 헌정했다).

그러나 슈바르츠실트가 구한 아름다운 해에도 불구하고, 일각에서 몇 가지 당혹스러운 의문이 제기되었다. 그의 해는 처음부터 시공간의 한계를 뛰어넘는 이상한 속성을 갖고 있었다. 즉, 질량이 엄청나게 큰 별의 주변을 가상의 구(당시에는 '마법의 구magic sphere'라 불렸고, 지금은 '사건지평선event horizon'이라 한다)가 에워싸고 있었던 것이다. 구에서 멀리 떨어진 곳에서 보면 중력장은 뉴턴이 예견한 값과 거의 비슷해진다. 그래서 슈바르츠실트의 해는 중력을 나타내는 근삿값으로 활용할 수 있다. 그러나 당신이 이런 별 근처를 지나가다가 운이 지독하게 없어서 사건지평선을 통과한다면, 중력장에 갇혀 절대로 빠져나올 수 없다. 게다가 당신의 몸은 무지막지한 중력 때문에 완전히 으스러질 것이다. 간단히 말해서 사건지평선은 '한번 넘으면 절대로 되돌아올 수 없는' 죽음의 경계선이다.

사건지평선에 가까이 갈수록 이상한 일이 연달아 벌어

진다. 예를 들어 당신은 수십억 년 동안 블랙홀에 갇힌 채 그 주변을 선회하는 별빛을 보게 될 것이다. 그리고 (블랙홀의 중심을 향해 똑바로 서서 발부터 떨어진다면) 머리를 잡아당기는 힘보다 발을 잡아당기는 힘이 훨씬 강해서 당신의 몸이 스파게티 국수처럼 가늘고 길게 늘어나다가, 결국은 원자까지 산산이 분해될 것이다.

이 놀라운 사건을 먼 거리에서 누군가가 바라보고 있다면, 그의 눈에는 사건지평선에 가까이 접근한 우주선 내부의 시간이 느리게 흐르다가, 우주선이 사건지평선에 도달하는 순간부터 시간이 완전히 멈춘 것처럼 보인다. 신기한 것은 우주선에 탄 사람에게는 사건지평선을 통과할 때에도 모든 상황이 정상이라는 것이다. 적어도 산산이 분해되기 전까지는 그렇다.

이 모든 것은 너무도 기이한 현상이어서, 수십 년 동안 물리학자들은 '현실세계에서는 절대 일어날 수 없는 아인슈타인 방정식의 부산물'쯤으로 여겨왔다. 언뜻 듣기에도 SF영화를 연상케 한다. 영국의 천문학자 아서 에딩턴은 "자연에는 그런 황당한 일이 일어나지 않도록 방지하는 법칙이 반드시 존재할 것"이라고 강변했다.

아인슈타인도 '정상적인 환경에서는 블랙홀이 절대 생성될 수 없다'는 논문을 발표했고, 1939년에는 소용돌이치는 구형 기체가 자체 중력으로 아무리 압축돼도 사건지평선의 지름보다 작은 블랙홀이 될 수 없다는 것을 이론적으로 증명했다.

그러나 같은 해에 로버트 오펜하이머와 그의 제자 하틀랜드 스나이더는 블랙홀이 '아인슈타인이 미처 고려하지 않은 자연적인 환경'에서 생성될 수 있음을 증명했다. 우리의 태양보다 10~50배쯤 무거운 별이 오랜 세월 동안 빛을 발하다가 핵연료를 모두 소비하면 거대한 폭발을 일으키는 초신성supernova이 된다. 이때 폭발하고 남은 잔해가 자체 중력으로 계속 수축되면 블랙홀이 될 수 있다(우리의 태양은 질량이 미달이어서 초신성이 되는 것부터 불가능하다. 그리고 태양이 훗날 블랙홀이 되려면 지름이 약 3km까지 압축되어야 하는데, 이런 극적인 압축은 자연적인 과정에서 도저히 일어날 수 없다. 따라서 우리의 태양은 블랙홀이 될 수 없다).

물리학자들이 알아낸 바에 의하면 블랙홀에는 두 가지 종류가 있다. 첫 번째 유형은 방금 말한 대로 거성巨星, giant star의 잔해에서 탄생한 블랙홀이고, 두 번째는 은하의 중심에 자리잡고 있는 은하블랙홀galactic black hole이다. 후자는 우리의 태양보다 무려 수백만~수십억 배나 무겁다. 많은 천문학자들은 모든 은하의 중심에 블랙홀이 있을 것으로 믿고 있다.

지난 수십 년 동안 천문학자들은 우주 전역을 뒤져서 '블랙홀일 가능성이 매우 높은 천체'를 수백 개나 발견했다. 우리 은하(은하수Milky Way)의 중심에는 질량이 태양보다 무려 200만~400만 배나 큰 괴물 같은 블랙홀이 자리잡고 있는데, 위치상으로는 궁수자리Sagittarius 근처이다 (안타깝게도 이 블랙홀 주변을 두꺼운 먼지구름이 에워싸고 있어서 우리 눈에는 보이지 않는다. 미래의 어느 날 먼지구름이 걷힌다면 매일 밤마다 블랙홀 주변에서 장엄하게 타오르면서 달보다 밝게 빛나는 별들을 볼 수 있을 것이다. 생각만 해도 장관이다!).

양자이론을 중력에 적용했을 때에도 블랙홀은 초유의 관심사로 떠올랐다. 여기서 얻은 결과는 우리의 상상력을 한계까지 밀어붙였고, 그동안 미지의 세계를 안내해왔던 지침은 하루아침에 무용지물이 되었다.

케임브리지대학교의 대학원생 스티븐 호킹은 아직 인생의 목표조차 정하지 못한 평범한 청년이었다. 그는 물리학자가 되기로 마음먹었지만, 인생을 걸고 매달릴 정도로 확고한 목표는 아니었다. 물론 그는 똑똑한 학생이었다. 그러나 마음이 다른 곳에 가 있는 듯, 그의 정신은 언제나 산만하기만 했다. 그러던 어느 날, 호킹은 근위축성 축삭경화증

(ALS, 루게릭병)이라는 진단을 받고 하늘이 무너지는 듯한 충격에 빠졌다. 게다가 담당의사는 호킹이 앞으로 2년 이상 생존하기가 어려울 것으로 예측했다. 정신 상태는 멀쩡한데, 신체 기능이 빠르게 퇴화되다가 2년 안에 완전히 멈춘다는 것이다. 호킹은 갑자기 정신이 번쩍 들면서 자신이 그동안 아무런 의미 없이 살아왔음을 절실하게 깨달았다.

그는 얼마 남지 않은 시간을 가장 보람 있는 일에 투자하기로 결심하고 물리학의 가장 어려운 문제에 도전장을 내밀었다. 중력에 양자역학을 접목하는 문제가 바로 그것이었다. 얼마 지나지 않아 호킹은 사지와 성대가 마비된 채 휠체어에 갇힌 신세가 되었지만, 다행히도 그의 병은 의사가 예측했던 것보다 훨씬 느리게 진행되어 불편한 몸으로나마 연구를 계속할 수 있었다. 호킹이 세상을 떠나기 몇 해 전에 나는 그의 초청을 받아 학회에서 강연을 한 적이 있는데, 학회가 끝나고 그의 집을 방문했다가 그의 연구 활동을 도와주는 다양한 기계장치들을 보고 큰 감명을 받았다(그중에서도 가장 기억에 남는 건 책장을 자동으로 넘겨주는 페이지 터너page turner였다). 그러나 나를 가장 감동시킨 것은 신체적 제약에 굴하지 않고 목표를 향해 나아가는 그의 강인한 정신력이었다.

그 무렵 이론물리학의 대세는 양자역학이었지만 일부

보수적인 물리학자와 소수의 '변절자'들은 아인슈타인의 방정식에서 가능한 한 많은 해를 구하기 위해 노력하고 있었다. 호킹은 사고의 방향을 약간 틀어서 아무도 생각해보지 않은 심오한 질문을 떠올렸다. '두 이론을 결합하여 블랙홀에 양자역학을 적용하면 어떻게 될까?'

그는 중력의 양자보정이 너무 어려운 문제임을 잘 알고 있었기에, 좀 더 쉬운 문제를 공략하기로 마음먹었다. 중력의 양자보정은 가뿐하게 무시하고, 블랙홀 안에 있는 원자의 양자보정을 계산한 것이다.

블랙홀과 관련된 책과 논문을 읽으면 읽을수록 무언가 잘못되었다는 느낌을 지우기가 어려웠다. 블랙홀에서는 아무것도 탈출할 수 없다고 했지만, 호킹은 이것이 양자이론에 위배된다고 생각했다. 양자역학에서는 모든 것이 불확실하다. 블랙홀이 완전히 검은색으로 보이는 이유는 빛을 비롯한 모든 것을 빨아들이기 때문인데, '완벽한 암흑'이라는 개념 자체가 불확정성원리에 위배된다. 양자세계에서는 암흑조차도 불확실하다. 그리하여 호킹은 블랙홀이 아주 미약하게나마 양자복사quantum radiation를 방출한다는 혁명적인 결론에 도달하게 된다.

제일 먼저 호킹은 블랙홀에서 방출되는 복사가 흑체복사의 한 형태임을 증명했다. 진공이란 완벽한 무無가 아니라 온갖 양자적 현상으로 부글부글 끓고 있는 난장판에 가깝다. 양자이론에 의하면 무의 상태에서도 전자와 반전자가 갑자기 나타났다가 서로 충돌하여 사라지기를 반복하고 있다. 진공조차도 양자적 활동으로 가득 차 있는 것이다. 그 후 호킹은 블랙홀처럼 중력장이 엄청나게 강한 곳 근처에서는 전자와 반전자 쌍이 진공 중에서 생성되었다가(이런 입자를 가상입자virtual particle라 한다) 하나는 블랙홀 안으로 빨려 들어가고, 남은 하나는 블랙홀을 탈출할 수도 있음을 깨달았다. 이때 입자 쌍을 생성한 원천은 블랙홀의 중력장에 함유된 에너지에서 온 것이다. 그런데 두 번째 입자는 블랙홀을 떠난 후 두 번 다시 돌아오지 않기 때문에, 이런 현상이 계속 일어나다 보면 결국 블랙홀의 질량과 에너지, 그리고 중력장은 서서히 감소하게 된다.

이런 현상을 '블랙홀 증발black hole evaporation'이라 하며, 이 과정에서 방출되는 복사(도망가는 두 번째 입자)를 '호킹복사Hawking radiation'라 한다. 모든 블랙홀은 수조 년 동안 호킹복사를 서서히 방출하다가, 이마저 고갈되면 불꽃 속에서 폭발하여 영원히 사라진다.

앞으로 수조×수조 년이 지나면 우주에 산재한 모든 별들은 핵연료를 몽땅 써버리고 캄캄해질 것이다. 이 황량한 우주에서 살아남은 것이라곤 오직 블랙홀밖에 없다. 그러나 블랙홀도 서서히 증발하여 사라지고, 결국 우주에는 정처 없이 떠다니는 아원자입자들만 남을 것이다. 호킹은 블랙홀과 관련하여 또 다른 질문을 제기했다. '블랙홀 안으로 책을 던지면 그 안에 들어 있던 정보는 영원히 사라지는가?'

양자역학에 의하면 어떤 경우에도 정보는 사라지지 않는다. 불구덩이 속에서 책을 태워도 타고 남은 재를 모아서 열심히 분석하고 이어 붙이면 책 전체를 완벽하게 복원할 수 있다.

그러나 호킹은 '블랙홀 안으로 책을 던지면 그 안에 들어 있던 정보는 영원히 사라지므로 블랙홀의 내부에서는 양자역학의 법칙이 더 이상 적용되지 않는다'고 주장했고, 이로 인해 물리학계는 벌집을 쑤셔놓은 듯 한바탕 소동이 벌어졌다.

과거에 아인슈타인은 양자역학을 반박하면서 "신은 이 세상을 상대로 주사위 놀이를 하지 않는다"고 주장했다. 모든 것을 확률과 불확정성만으로 설명할 수는 없다는 뜻이다. 호킹은 이 주장을 약간 수정하여 "신은 가끔씩 주사위를 던지긴 하지만, 당신이 절대 찾을 수 없는 곳으로 던진다"고 했다. 주사위가 블랙홀 내부로 진입하면 양자역학은 더 이상 적용되지 않는다는 뜻이다. 그러므로 당신이 사건지평선을 넘어서면 불확정성원리도 적용되지 않는다.

반면에 양자역학을 옹호하는 물리학자들은 '끈이론처럼 진보된 이론을 적용하면 블랙홀 안에서도 정보가 보존될 수 있다'고 주장했다(끈이론은 나중에 자세히 다룰 예정이다). 한바탕 논쟁을 벌인 후, 결국 호킹은 자신이 틀릴 수도 있음을 인정하면서 기발한 해결책을 내놓았다. 블랙홀 안으로 책을 던지면 정보가 완전히 사라지지 않고 호킹복사의 형태로 방출될 수도 있다는 것이다. 희미한 호킹복사에 담긴 정보를 빠짐없이 긁어모으면 원래의 책을 똑같이 재현할 수 있다. 호킹의 주장이 틀릴 수도 있지만, 그가 발견한 복사가 문제의 핵심이라는 것만은 분명한 사실이다.

블랙홀 내부의 정보는 영원히 사라지는가? 이 질문은 아직도 논쟁거리로 남아 있다. 정확한 답을 알려면 중력자의 양자보정에 성공한 양자중력이론이 완성될 때까지 기다려야 할지도 모른다. 그 후 호킹은 '양자이론과 중력의 결합'과 관련된 또 다른 문제로 눈길을 돌렸다.

웜홀

블랙홀이 모든 것을 집어삼킨다면, 빨려 들어간 물질의 종착지는 어디인가?

짧은 답을 원한다면 할 말은 이것뿐이다. 아무도 모른다.

진정한 답은 양자이론과 일반상대성이론이 통일되었을 때 비로소 찾을 수 있을 것이다.

블랙홀의 반대편에는 무엇이 있는가? 이것도 양자중력 이론만이 답을 줄 수 있다(여기서 말하는 '반대편'이란 공간상의 반대편이 아니라, 블랙홀에 빨려 들어간 곳을 '입구'라 했을 때, 그 안에 있을 것으로 추정되는 '출구'를 의미한다 – 옮긴이).

아인슈타인의 중력이론(일반상대성이론)을 있는 그대로 받아들일 수는 없다. 이 이론에 의하면 블랙홀의 중심에서(또는 시간의 출발점에서) 중력이 무한대가 되기 때문이다. 앞에서도 말했지만, 물리학에서 무한대가 나왔다는 것은 무언가가 크게 잘못되었다는 뜻이다.

1963년에 뉴질랜드의 물리학자 로이 커는 아인슈타인의 방정식을 풀다가 새로운 해인 '회전하는 블랙홀'을 발견했다. 과거에 슈바르츠실트가 찾은 해에 의하면 블랙홀은 '특이점singularity'이라는 작은 점으로 붕괴된다. 이 점에서 중력은 무한대가 되고, 모든 것은 하나의 점으로 붕괴된다. 그러나 로이 커는 아인슈타인의 방정식을 회전하는 블랙홀에 적용했다가 누가 봐도 이상한 결론에 도달했다.

첫째, 블랙홀은 절대로 점이 되지 않고, 빠르게 회전하는 고리형 천체로 붕괴된다(회전하는 고리의 원심력이 자체 중력으로 붕괴되는 것을 막아준다).

둘째, 당신이 고리 안으로 떨어지면 으깨지지 않고 그냥 고리를 통과한다. 고리 안의 중력은 유한하기 때문이다.

셋째, 수학 계산에 의하면 고리를 통과한 당신은 다른 평행우주로 갈 수 있다. 문자 그대로, 지금까지 살아왔던 우주를 떠나 다른 '자매우주'로 진입한다는 뜻이다. 종이 두 장을 나란히 놓고 그 사이를 빨대로 연결했다고 생각해보자. 원래 두 종이는 분리된 세계였지만, 빨대를 통과하면 다른 종이로 갈 수 있다. 종이를 두 개의 우주공간이라 생각하면, 빨대가 바로 웜홀에 해당한다.

넷째, 고리를 통과한 당신이 다시 고리 안으로 재진입하면 다른 우주로 갈 수 있다. 아파트에서 엘리베이터를 타고 한 층에서 다른 층으로 이동하듯이, 한 우주에서 다른 우주로 이동하는 것이다. 당신이 웜홀을 통과할 때마다 완전히 다른 우주로 진입할 수 있다. 이것이 사실이라면 블랙홀은 완전히 새로운 특성을 갖게 된다. 회전하는 블랙홀의 중앙에 서면 《거울나라의 앨리스》에 등장하는 신기한 거울이 눈앞에 나타날 것이다. 거울 면을 경계로 이쪽에는 영국 옥스퍼드의 한적한 전원주택이 있는데, 거울 속으로 들어가면 완전히 다른 세상이 눈앞에 펼쳐진다.

다섯째, 고리를 통과하면 다른 우주로 가지 않고 우리 우주의 다른 곳으로 나올 수도 있다. 즉, 웜홀은 지하철처럼 시공간의 두 지점을 연결하는 지름길이다. 실제로 계산을 해보면 당신은 빛보다 빠르게 이동할 수 있고, 물리법칙을 위반하지 않은 채 시간을 거슬러 과거로 갈 수도 있다.

황당무계한 이야기지만 덮어놓고 부정할 수도 없다. 이 모든 것은 아인슈타인 방정식의 엄연한 해이면서 가장 흔할 것으로 예상되는 '회전하는 블랙홀'을 있는 그대로 서술하고 있기 때문이다.

웜홀의 개념은 1935년에 아인슈타인이 네이선 로젠과 공동으로 발표한 논문에서 처음으로 도입되었다. 두 사람은 시공간에서 두 개의 깔때기를 통해 연결된 두 개의 블랙홀을 예로 들었는데, 한쪽 깔때기로 진입하면 몸이 으스러지지 않은 채 다른 쪽 깔때기로 무사히 나올 수 있다.

영국의 작가 T.H. 화이트는 《과거와 미래의 왕The Once and Future King》이라는 소설을 통해 유명한 말을 남겼다. "금지되지 않은 일은 언젠가 반드시 일어난다." 이 말은 물리학자에게도 심오한 의미를 갖는다. 제아무리 기이하고 희한한 현상도 물리법칙에 위배되지 않는다면 우주 어딘가에서 반드시 일어나고 있다.

예를 들어 웜홀을 인공적으로 만드는 것은 거의 불가능에 가깝지만, 일부 물리학자들은 웜홀이 태초부터 존재했고 빅뱅이 일어난 후 공간과 함께 팽창한 것으로 추정하고

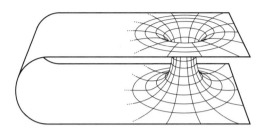

그림-10 웜홀을 통과하면 (적어도 원리적으로는) 멀리 떨어진 별이나 과거로 이동할 수 있다.

있다. 다시 말해서, 웜홀이 자연적으로 생성될 수도 있다는 것이다. 미래의 어느 날, 지구의 망원경에 웜홀이 잡힐지도 모를 일이다. 지난 수십 년 동안 웜홀은 SF작가들의 상상력을 한껏 자극해왔지만, 실험실에서 인공적으로 웜홀을 만들기란 보통 어려운 일이 아니다. 그 이유를 나열하면 대충 다음과 같다.

첫째, 웜홀을 만들려면 블랙홀에 버금가는 양(+)의 에너지를 끌어모아서 시공간의 관문을 열어야 한다. 물론 지금의 과학 수준으로는 어림도 없다. 아마추어 발명가가 지하실험실에서 망치질을 해가며 만들 수 있는 장치가 결코 아니다.

둘째, 웜홀은 상태가 매우 불안정하기 때문에 어쩌다 한 번 열린다 해도 순식간에 닫혀버린다. 웜홀의 입구를 열린 채로 유지하려면 음의 물질negative matter, 또는 음에너지 negative energy라는 신비한 재료를 추가해야 한다(음의 물질은 앞에서 언급했던 반물질과 완전히 다르다). 음의 물질과 음에너지는 양의 물질과 반대로 서로 밀어내는 특성이 있어서, 웜홀이 붕괴되는 것을 막을 수 있다.

그러나 안타깝게도 음의 물질은 아직 발견된 적이 없다. 이들은 반중력을 행사하기 때문에 아래로 떨어지지 않고 위로 올라간다. 수십억 년 전에 지구에 음의 물질이 존재했다 해도, 지구의 중력에 떠밀려 우주공간으로 날아갔을 것이다. 그러므로 지구에서 음의 물질이 발견될 가능성은 아예 없다고 봐도 무방하다.

음의 물질과 달리 음에너지는 실제로 존재한다. 그러나 우주에 있는 음에너지를 모조리 끌어모은다 해도 양이 너무 작아서 실용성이 없다. 내가 보기에 웜홀을 만들어서 장시간 유지하려면 과학기술이 그 정도로 발달할 때까지 수천 년쯤 기다려야 할 것 같다.

셋째, 중력은 웜홀을 파괴하고도 남을 정도로 강력한 복사(중력자복사graviton radiation라 한다)를 방출하고 있다.

결론적으로 말해서, 블랙홀에 빠졌을 때 어떤 일이 일어날지는 물질과 중력을 양자화시킨 만물의 이론이 완성된 후에야 알 수 있다.

일부 물리학자들은 논쟁의 여지가 다분한 가설을 제안했다. 블랙홀로 빨려 들어간 별은 특이점에서 으깨지지 않고 반대쪽에 있는 웜홀로 빠져나와서 화이트홀white hole이 된다는 것이다. 화이트홀은 블랙홀과 똑같은 방정식을 만족하지만 시간이 거꾸로 흐르기 때문에 물질을 빨아들이지 않고 뱉어낸다. 물리학자들은 혹시나 하는 마음으로 우주에서 화이트홀을 찾아보았지만, 독자들의 짐작대로 아직은 빈손이다. 이들이 화이트홀에 애착을 갖는 이유는 아마도 다음과 같은 주장을 펼치고 싶어서일 것이다. '빅뱅은 원래 화이트홀에서 시작되었다. 지금 우리 눈에 보이는 모든 별과 행성들은 약 140억 년 전에 블랙홀에서 튀어나온 것이다.'

블랙홀의 반대편에는 과연 무엇이 있을까? 만물의 이론만이 답을 줄 수 있다. 웜홀과 관련된 문제를 해결하려면 중력의 양자보정이 성공적으로 계산되어야 한다.

웜홀을 통과하면 은하계를 넘어 우주 반대편으로 갈 수 있을까? 아니면 과거로 갈 수도 있지 않을까?

시간여행

허버트 조지 웰스의 소설 《타임머신》 덕분에 시간여행은 SF의 단골 소재가 되었다. 3차원 공간에서는 전-후, 좌-

우, 상-하로 자유롭게 이동할 수 있으니, 4차원 시공간의 네 번째 차원인 시간에서도 앞-뒤 이동이 가능할 수도 있다. 웰스의 소설에서 주인공은 타임머신의 시간 다이얼을 서기 802,701년에 맞춰놓고 아득한 미래로 여행을 떠난다.

웰스의 소설이 출간된 후, 과학자들은 시간여행의 가능성을 본격적으로 타진하기 시작했다. 1915년에 아인슈타인이 새로운 중력이론(일반상대성이론)을 발표했을 때, 그는 자신이 유도한 방정식이 시간여행 같은 기이한 현상을 허용할까봐 내심 걱정스러웠다. 그런 일이 가능하다는 것은 자신의 이론이 틀린 증거라고 생각했기 때문이다. 그런데 프린스턴 고등연구원의 위대한 수학자 쿠르트 괴델이 1949년에 '회전하는 우주에서 충분히 빠른 속도로 내달리면 출발 전의 과거로 돌아갈 수 있다'고 주장함으로써 아인슈타인의 심기를 불편하게 만들었다(당시 아인슈타인도 프린스턴 고등연구원의 교수였다). 훗날 아인슈타인은 자신의 회고록에 '괴델의 우주에서 시간여행이 가능하다 해도, 물리적으로는 결코 일어날 수 없는 일'이라고 결론지었다. 우주는 팽창하고 있지만 회전하지는 않는다는 뜻이다.

지금도 대부분의 물리학자들은 시간여행이 불가능하다고 생각하고 있지만, 가능성은 열어둔 상태이다. 아인슈타인의 방정식을 만족하는 다양한 해들은 시간여행이 가능하다는 것을 반복적으로 입증해왔다.

　뉴턴은 시간이 시위를 떠난 화살처럼 한쪽 방향으로만 진행한다고 생각했다. '한번 흐르기 시작한 시간은 우주 전역에 걸쳐 똑같은 속도로 오직 미래를 향해 나아가며, 지구에서의 1초와 우주 반대편에서의 1초는 한 치의 오차도 없이 정확하게 같다'는 것이 그의 확고한 믿음이었다. 즉, 당신과 내가 우주공간에서 아무리 멀리 떨어져 있어도 적절한 통신수단만 있으면 두 사람의 시계를 정확하게 맞출 수 있다는 뜻이다. 그러나 아인슈타인의 특수상대성이론에 의하면 시간은 흐르는 강물과 같아서, 장소에 따라 다른 속도로 흐를 수도 있다. 게다가 20세기 후반의 물리학자들은 여기서 한 걸음 더 나아가 '시간의 강물에 소용돌이가 생기면 당신을 과거로 데려갈 수도 있다'고 주장했다(물리학자들은 이것을 닫힌 시간꼴 곡선closed timelike curve, 즉 CTS라 부른다). 또는 시간의 강물이 두 갈래로 갈라져서 각기 다른 두 개의 우주(평행우주)를 낳을 수도 있다.

　평소 시간여행에 관심이 많았던 호킹은 '역사보호가설chronology protection conjecture'을 주장하여 물리학계에 또 한번 파문을 일으켰는데, 그 내용은 대충 다음과 같다. '시간여행이 가능하다면 누군가가 과거로 돌아가서 이미 일어난 일을 조작하여 역사를 바꿀 수도 있을 것이다. 그러나 우리는 한번 지나간 과거가 바뀐 사례를 한 번도 본 적이 없으므로, 자연에는 시간여행을 방지하는 법칙이 반드시 존재해야 한다.' 논리 자체는 매우 그럴듯하지만, 호킹은 자신의 가설을 증명하지 못했다. 그러므로 시간여행은 (적어도 지금까지는) 물리법칙에 위배되지 않으며, 미래에 타임머신이 만들어질 가능성도 여전히 열려 있다.

또한 호킹은 시간여행 추종자들을 조롱하는 듯한 질문을 제기했다. "시간여행이 가능하다면, 미래에서 온 관광객들은 왜 보이지 않는가?" 그럴듯한 질문이다. 미래에 타임머신이 만들어진다면, 수많은 관광객들이 역사적인 사건을 현장에서 보기 위해 타임머신을 타고 날아와 가장 좋은 자리를 차지하고 열심히 카메라 셔터를 눌러댈 것이다.

사실 타임머신으로 할 수 있는 일은 무궁무진하다. 과거의 월스트리트로 가서 유망한 주식을 사재기하면 단숨에 억만장자가 될 수 있고, 마음만 먹으면 역사를 바꿀 수도 있다. 이런 일이 가능하다면 역사라는 것 자체가 무의미해져서, 역사학자들은 다른 직업을 찾아야 할 것이다.

물론 시간여행은 심각한 문제를 야기한다. 말이 나온 김에, 시간여행과 관련된 역설을 정리해보자.

- '현재'가 존재할 수 없게 된다. 당신이 과거로 돌아가 할

아버지를 죽인다면 당신은 태어날 수 없고, 따라서 할아 버지를 죽일 수도 없다.

- 타임머신의 출처를 알 수 없다. 미래에서 온 누군가가 당 신에게 타임머신을 만드는 법을 은밀하게 알려주었다. 그래서 몇 년 후 당신은 타임머신을 만들었고, 내친 김에 과거로 가서 아직 어린 당신에게 타임머신의 비밀을 전 수해주었다. 그렇다면 타임머신을 만든 사람은 대체 누 구인가?

- 당신은 당신의 어머니가 될 수 있다. 미국의 SF 작가 로 버트 하인라인의 〈너희 모든 좀비들All You Zombies〉에서 고아원에서 자란 여주인공 제인은 성인이 되어 남자가 된다(알고 보니 그녀는 남녀의 신체적 특징을 모두 갖고 태어난 양성구유자였다). 그(녀)는 타임머신을 타고 과 거로 갔다가 여자였던 자신을 만나 둘 사이에서 딸을 낳 는다. 그 후 딸아이를 데리고 더 과거로 가서 자신이 자 랐던 고아원 앞에 버려놓고 떠난다. 이로써 제인은 자신 의 어머니이자, 딸이자, 할머니이자, 손녀가 된다.

이 모든 역설이 해결되려면, 무엇보다 양자중력이론이 완성되어야 한다. 예를 들어 타임머신을 탈 때마다 시간이 가지를 쳐서 평행우주가 생성될 수도 있다. 만일 당신이 타임머신을 타고 1865년의 포드 극장으로 날아가 에이브러햄 링컨을 암살 직전에 구해낸다면 링컨의 재임 기간이 길어질 수도 있지만, 이것은 어디까지나 지금의 우주가 아닌 평행우주에서 생기는 일이다. 즉, 링컨의 수명이 길어져도 우리의 우주에는 아무런 변화가 없다. 우주가 두 개로 갈라졌으므로, 목숨을 건진 링컨은 두 번째 우주에서 대통령 직무를 수행하면 된다.

그러므로 시간이 갈라져서 평행우주가 된다고 생각하면, 시간여행에서 야기되는 모든 역설이 일거에 해결된다.

다시 한번 강조하거니와, 시간여행과 관련된 모든 문제는 중력자에 대한 양자보정이 계산된 후에야 정확한 결론을 내릴 수 있다. 물리학자들은 별과 웜홀에 양자역학을 적용하여 부분적인 답을 알아냈지만, 완전한 답을 얻으려면 양자이론을 중력자에 직접 적용하여 만물의 이론을 구축해야 한다.

그렇다면 여기서 또 다른 질문이 떠오른다. 양자역학은 빅뱅을 완벽하게 설명할 수 있을까? 양자역학을 중력에 적용하면 빅뱅 이전에 어떤 일이 일어났는지 알 수 있을까?

우주는 어떻게 창조되었는가?

우주는 어디서 왔는가? 우주를 움직이게 만든 원동력은 무엇인가? 아마도 이것은 신학과 과학을 통틀어 가장 중요한 질문 중 하나일 것이다.

고대 이집트인들은 우주가 나일강에 떠 있는 '우주알cosmic egg'에서 시작되었다고 믿었고, 일부 폴리네시아인들은 우주가 코코넛에서 탄생했다고 믿었다. 또한 기독교인들은 "빛이 있으라!"는 하느님의 한마디에 역동적인 우주가 탄생했다고 믿어왔다.

뉴턴의 중력이론이 알려진 후에는 물리학자들도 우주의 기원에 관심을 갖기 시작했다. 그러나 뉴턴은 자신의 이론을 우주에 적용했다가 난처한 문제에 직면했다.

1692년의 어느 날, 뉴턴은 기독교 성직자이자 당대 최고의 비평가인 리처드 벤틀리로부터 편지 한 통을 받고 깊은 고민에 빠졌다. 그 편지에는 뉴턴의 중력이론에서 야기되는 문제점이 다음과 같이 요약되어 있었다. '만일 우주가 유한하고 중력이 항상 인력으로 작용한다면, 우주의 모든 별들은 서로 잡아당기다가 긴 세월이 흐르면 결국 하나의 거대한 별로 뭉칠 것입니다. 따라서 유한한 우주는 언젠가 붕괴될 수밖에 없습니다. 이렇게 되지 않는다면 당신의 이론이 틀렸다는 뜻이겠지요.'

이 정도면 뉴턴도 꽤 충격을 받았을 것이다. 그러나 벤틀리의 반론은 사정없이 계속된다. '당신의 중력이론에 의하면 우주가 무한히 크다 해도 역시 불안정합니다. 우주가 무한하다면 별도 무한히 많을 것이고, 따라서 하나의 별에 작용하는 중력도 모든 방향으로 무한히 클 것입니다. 그렇다면 모든 별은 결국 갈가리 찢어져서 분해되어야 합니다. 무한히 큰 힘을 견뎌낼 물체는 우주에 존재하지 않으니까요.'

뉴턴은 자신의 중력이론을 무한히 큰 우주에 적용해본 적이 없었기에, 불의의 일격을 맞고 몹시 당황했다. 그는 한동안 깊이 생각한 끝에 다음과 같은 답을 제시했다.

'중력이 항상 인력으로만 작용한다면 우주의 별들은 불안정합니다. 이 점은 저도 인정하는 바입니다. 그러나 우주가 모든 방향으로 무한히 크면서 전 지역에 걸쳐 평균적으로 균일하다면, 모든 중력이 상쇄되어 안정한 상태를 유지할 수 있습니다. 임의의 별에 작용하는 중력은 모든 방향에 균일하게 퍼져 있는 별들로부터 온 것이므로, 이 힘들이 모두 상쇄되면 별은 붕괴되지 않을 것입니다.'

나름대로 기발한 해결책이었지만 만족스럽지 않다는 것을 뉴턴 자신도 느끼고 있었다. 우주가 평균적으로 균일하다 해도 모든 점에서 완벽한 평형을 이룰 수는 없다. 미세하게나마 균형이 깨진 곳이 어딘가에 존재하기 마련이다. 카드로 쌓은 집은 안정한 것처럼 보이지만, 약간의 결함만 있으면 가차없이 붕괴된다. 물론 뉴턴도 벤틀리 못지않게 똑똑했기에, 무한하고 균일한 우주가 지금 이 상태로 유지되려면 붕괴 직전의 위태로운 상태를 아슬아슬하게 견뎌야 한다는 것을 잘 알고 있었다. 다시 말해서, 우주가 유지되려면 무한대의 힘들이 그야말로 털끝만큼의 오차도 없이 완벽하게 상쇄되어야 한다. 조금이라도 오차가 생기면 우주는 안으로 붕괴되거나 산산이 흩어질 것이다.

그리하여 뉴턴은 완벽한 상쇄를 보장하기 위해 신의 개입을 허용했다. 그는 '하느님이 간간이 우주의 상태를 살피면서 별의 위치를 수정하고 있기 때문에 우주는 붕괴되지 않는다'고 결론지었다.

밤하늘은 왜 캄캄한가?

문제는 이뿐만이 아니다. 우주가 무한히 크고 균일하다면 하늘의 어느 방향을 바라봐도 별이 시야에 들어올 것이다. 그런데 무한히 큰 우주에는 무한개의 별이 존재하므로 모든 방향에서 무한히 많은 별빛이 쏟아질 것이다.

그렇다면 밤하늘은 대낮처럼 환하게 밝아야 하는데, 현실은 그렇지 않다. 이것이 바로 독일의 천문학자 하인리히 빌헬름 올베르스가 제기한 '올베르스의 역설Olbers' paradox'이다.

케플러는 우주가 유한하다면서 역설 자체를 부정했고,

일부 이론가들은 구름이 별빛을 가리기 때문이라고 주장했다(후자는 역설을 해결하지 못한다. 별빛이 구름에 오랫동안 흡수되면 결국 구름 자체가 별처럼 흑체복사를 방출하여 다시 밝아지기 때문이다).

가장 설득력 있는 답을 내놓은 사람은 추리소설로 유명한 미국의 작가 에드거 앨런 포였다. 아마추어 천문학자였던 그는 올베르스의 역설을 깊이 파고든 끝에 다음과 같은 결론에 도달했다. '시간을 과거로 거슬러 올라가다 보면 결국 우주가 탄생한 시점에 도달하고, 거기서 더 과거로 가는 것은 원리적으로 불가능하다. 즉, 우주의 나이는 유한하다. 별이 무한히 많다고 해도 그 많은 별빛이 지구에 모두 도달하려면 분명히 시간이 걸리는데, 우리의 우주는 아직 그 정도로 오래되지 않았다. 밤하늘이 대낮처럼 밝아지려면 무한히 먼 곳에서 날아온 별빛이 지구에 도달할 때까지 기다려야 한다(물론 이렇게 되려면 무한대의 시간이 흘러야 한다). 그때가 되면 망원경으로 빅뱅의 순간을 볼 수 있을 것이다.'

여기서 정말로 놀라운 것은 실험이나 관측을 거치지 않고 순전히 논리적 사고만으로 우주의 나이가 유한하다는 결론에 도달했다는 점이다.

일반상대성이론과 우주

1920년대에 아인슈타인은 일반상대성이론을 우주에 적용하다가 난관에 봉착했다. 당시 대부분의 천문학자들은 우주가 팽창하지도, 수축되지도 않으면서 항상 정적인 상태를 유지한다고 믿었다. 그런데 아인슈타인의 방정식에서 얻은 해는 우주가 격렬하게 팽창하거나 수축된다고 강변하고 있었다(아인슈타인은 모르고 있었지만, 이것은 리처드 벤틀리가 제기한 질문의 해답이었다. 중력이 작용해도 우주가 붕괴되지 않는 이유는 팽창하는 힘이 중력을 압도할 정도로 강하기 때문이다).

아인슈타인은 방정식에 '우주상수cosmological constant'라는 항을 끼워 넣고 적절한 값을 대입하여 우주가 정적인 상태를 유지하도록 만들었다(상숫값을 잘 조절하면 팽창이나 수축을 상쇄시킬 수 있다).

그 후 1929년에 미국의 천문학자 에드윈 허블은 캘리포니아에 있는 윌슨산 천문대의 대형 천체망원경으로 하늘을 관측하다가 놀라운 사실을 발견했다. 우리의 우주는 아인슈타인 방정식이 처음에 예견한 대로 팽창하고 있었던 것이다(이 위대한 발견은 별에서 날아온 빛의 도플러효과Doppler effect를 분석함으로써 이루어졌다. 별이 지구로부터 멀어지면 별빛의 파장이 적색 쪽으로 이동하고, 지구를 향해 다가오면 청색 쪽으로 이동한다. 다양한 은하에서 날아온 빛은 대부분 적색편이를 보였는데, 이는 곧 대부분의 천체들이 지구로부터 멀어지고 있음을 의미한다. 그러나 지구는 우주의 중심이 아니므로 모든 별들이 지구로부터 멀어진다는 것은 우주가 팽창하고 있다는 뜻이다).

1931년에 아인슈타인은 윌슨산 천문대를 찾아가 허블과 대면한 적이 있다. 이때 허블은 '우주가 팽창하고 있으므로 우주상수는 필요없다'고 주장했고, 확실한 데이터와 정연한 논리에 설득된 아인슈타인은 자신이 도입한 우주상수가 "인생 최대의 실수"임을 인정했다(나중에 보게 되겠지만, 아인슈타인의 우주상수는 최근 우주론에서 화려하게 부활하여 새로운 과학의 장을 열었다. 역시 천재는 실수를 해도 세상을 바꾸는 모양이다).

여기서 한 걸음 더 나가면 우주의 나이도 계산할 수 있다. 허블이 알아낸 우주의 팽창 속도에 기초하여 '팽창하는 우주의 동영상'을 거꾸로 돌리면 팽창이 얼마나 오래 지속되었는지 알 수 있는데, 처음 계산된 값은 약 18억 년이었다(그 무렵에 알려진 지구의 나이가 약 46억 년이었으니, 지구의 나이가 우주보다 많다는 또 하나의 역설이 제기된 셈이다. 그러나 다행히도 플랑크위성이 수집한 최신 데이터에 의하면 우주의 나이는 약 138억 년이다).

빅뱅의 잔광

우주론의 다음 단계 혁명은 양자역학을 빅뱅에 적용했을 때 찾아왔다. 러시아의 물리학자 조지 가모프는 빅뱅을 추적하다가 한 가지 의문을 떠올렸다. '우주가 초고온 상태에서 거대한 폭발로 시작되었다면, 그 열의 일부가 지금까지 남아 있지 않을까?' 빅뱅에 양자이론을 적용하면 최초의 불덩어리는 양자역학에서 말하는 흑체임이 분명하다. 그런데 흑체의 특성은 이미 잘 알려져 있으므로, 막스 플랑크의 흑체복사이론을 적용하면 빅뱅의 메아리처럼 남아 있는 잔광殘光을 계산할 수 있다.

1948년에 가모프는 동료인 랄프 알퍼, 로버트 허먼과 함께 빅뱅의 잔광이 지금까지 남아 있다는 가정하에 온도를 계산하여 약 5K라는 값을 얻었다(정확한 온도는 2.73K, 즉 섭씨 -270.42도이다). 우주가 초고온에서 탄생하고 수십억 년 동안 식으면 이 온도에 도달한다는 뜻이다.

가모프의 계산은 1964년에 아노 펜지어스와 로버트 윌슨이 홈델 전파망원경Holmdel radio telescope으로 빅뱅의 잔광을 발견함으로써 비로소 입증되었다(처음에 두 사람은 이상한 신호를 접하고 망원경이 고장났다고 생각했다. 전하는 소문에 의하면 이들이 프린스턴 학회에서 관측 결과를 발표했을 때 누군가가 이렇게 중얼거렸다고 한다. "저

두 친구, 새똥을 감지했거나 우주 창조의 흔적을 발견했거나, 둘 중 하나겠네." 연구실로 돌아온 펜지어스와 윌슨은 사실을 확인하기 위해 망원경을 덮고 있는 비둘기 배설물을 멀끔하게 치우고 재관측을 시도했다).

오늘날 우주 마이크로파 배경복사cosmic microwave background radiation로 알려진 이 잔광은 빅뱅이 실제로 일어났음을 보여주는 가장 강력한 증거이다. 최근에 인공위성에서 전송된 우주배경복사 사진에는 우주 전역에 걸쳐 균일하게 분포되어있는 복사에너지가 선명하게 드러나 있다(라디오를 켰을 때 방송이 송출되지 않는 주파수에서 들리는 잡음에는 우주배경복사가 일부 섞여 있다. 그러니까 인류는 우주배경복사를 발견하기 한참 전부터 빅뱅의 잔광을 귀로 들어왔던 셈이다).

우주배경복사의 위성사진은 그 후로 매우 정밀하게 업데이트되어, 지금은 양자적 불확정성 때문에 나타나는 잔물결까지 식별할 수 있다. 창조의 순간에 우주의 운명을 결정한 것은 바로 이 잔물결이다. 완벽하게 매끄러운 빅뱅은 양자역학의 불확정성원리에 위배된다. 빅뱅이 일어나기 전에 곳곳에 생성된 잔물결이 빅뱅 후 공간과 함께 팽창하면서 지금의 은하로 자라난 것이다(만일 위성사진에 양자적 잔물결이 존재하지 않았다면, 양자이론을 우주에 적용하겠다는 물리학자들의 희망은 완전히 물거품이 되었을 것이다).

우주에 수천억 개의 은하가 존재하고, 그중 하나인 은하수의 변두리에 지금 우리가 살고 있는 것은 빅뱅의 순간에 미세한 양자요동quantum fluctuation이 일어났기 때문이다. 당신이 수십억 년 전의 우주로 돌아간다면, 공간을 가득 채운 배경복사와 곳곳에 박혀 있는 작은 점들밖에 보이지 않을 것이다.

양자중력이론으로 가는 다음 단계는 양자역학과 표준모형에서 배운 교훈을 일반상대성이론에 적용하는 것이었다.

인플레이션

1970년대에 등장한 표준모형이 커다란 성공을 거두자, 앨런 구스와 안드레이 린데는 우주론의 향방을 바꿀 중요한 질문을 떠올렸다. '표준모형과 양자이론을 빅뱅에 직접 적용할 수는 없을까?'

그때까지만 해도 많은 물리학자들은 표준모형과 우주론을 별개의 분야로 생각했다. 표준모형은 가장 작은 세계를 연구하는 이론이고, 우주론의 대상은 방대한 우주였기 때문이다. 구스는 기존의 빅뱅이론으로 설명할 수 없는 두 가지 문제에 주목했다.

첫 번째는 편평성 문제flatness problem이다. 아인슈타인의 일반상대성이론에 의하면 시공간은 약간의 곡률을 갖고 있다(즉, 약간 휘어져 있다). 그러나 우주의 곡률을 분석해보면, 아인슈타인이 예견한 것보다 훨씬 평평하다. 실제로 우주는 아주 작은 오차 안에서 완벽하게 평평한 것처럼 보인다(여기서 '평평하다'는 것은 평평한 널빤지가 아니라 '휘어지지 않은 3차원 공간'을 의미한다. 휘어진 공간은 그림으로 표현할 수가 없기 때문에 이 책의 그림-6과 그림-10처럼 차원을 하나 줄여서 '휘어진 2차원 곡면'을 예로 들곤 하는데, 이런 식의 단순화는 직관적 이해를 도모할 수는 있지만 가끔 문제의 핵심을 왜곡시킬 우려가 있다. 우주의 편평성 문제를 논할 때에는 항상 3차원 공간을 떠올려주기 바란다 – 옮긴이).

두 번째는 우주가 우리의 예상보다 훨씬 균일하다는 균일성 문제uniformity problem이다. 빅뱅을 일으킨 불덩어리에는 에너지가 다소 불규칙하게 분포되어 있어야 할 것 같은데, 오늘날의 우주는 어디를 둘러봐도 거의 완벽할 정도로 균일하다.

구스가 창안한 인플레이션이론을 적용하면 이 두 개의 역설이 일거에 해결된다. 첫째, 이 이론에 의하면 우주는 처음 탄생하던 순간에 기존의 빅뱅이론에서 예견했던 것보다 훨씬 빠르게 팽창했다. 아주 짧은 시간 동안 상상을 초월할 정도로 빠르게 팽창했기 때문에, 원래 우주에 존재했던 곡률이 평평해졌다는 것이다.

둘째, 원래 우주는 불규칙했지만 그중 균일했던 적은 부분이 엄청난 크기로 팽창하여 지금처럼 균일한 우주가 되었다. 즉, 우리의 우주는 빅뱅 전에 존재했던 원판우주의 극히 일부이며, 그 부분이 급속팽창(인플레이션)을 했기 때문에 우주 전역이 균일하다는 것이다.

인플레이션이론의 파급효과는 실로 막대했다. 지금 우리 눈에 보이는 우주는 훨씬 큰 우주의 미세한 조각에 불과하며, 원래의 우주는 너무 멀어서 관측 자체가 불가능하다.

그렇다면 애초에 인플레이션을 유발한 원인은 무엇인가? 무엇이 우주의 원판 불덩어리를 움직이게 만들었는가? 그리고 우주는 왜 그토록 빠르게 팽창했는가? 구스는 해답을 찾기 위해 표준모형으로 눈을 돌렸다. 양자이론은 대칭에서 시작했다가 힉스입자로 대칭을 붕괴시켜서 지금과 같은 우주를 만들어냈으니, 이와 비슷하게 인플레이션을 가능하게 만든 힉스보손('인플라톤inflaton'이라고 한다)을 도입하면 인플레이션이 일어난 과정을 설명할 수 있을 것 같았다. 표준모형의 힉스보손이 그랬던 것처럼, 원래 우주는 가짜진공 상태에 있다가 에너지를 가둔 댐이 무너지면서 급속한 팽창을 겪었다. 그러나 인플라톤 장場에서 발생한 양자거품의 내부에 진짜진공이 형성되면서 인플레이션이 잦아들었고, 그 거품 중 하나에 해당하는 우리의 우주는 지금도 서서히 팽창하고 있다.

인플레이션이론은 지금까지 얻은 관측 데이터와 거의 정확하게 일치하여 가장 정확한 우주 탄생 이론으로 자리 잡았지만, 의외의 결과를 낳기도 했다. 양자이론이 옳다면 빅뱅은 앞으로도 반복해서 일어나야 한다. 우리 우주에서 새로운 우주가 태어날 수도 있다는 뜻이다.

그렇다면 우리의 우주는 '우주 욕조'에 떠 있는 수많은 거품들 중 하나인 셈이다. 즉, 우주는 하나가 아니라 여러 개다. 물론 아직도 해결되지 않은 문제가 있다. '대체 무엇이 인플레이션을 일으켰는가?' 다음 장에서 보게 되겠지만, 이 질문에 답하려면 만물의 이론이 완성되어야 한다.

달아나는 우주

일반상대성이론을 우주에 적용하면 시작뿐만 아니라 최후에 대해서도 많은 사실을 알 수 있다. 사실 우주의 종말에 관심을 갖는 것은 과학뿐만이 아니다. 고대 바이킹족은 이 세상의 최후를 라그나로크Ragnarok, 즉 '신들의 황혼'이라 불렀다. 그날이 오면 거대한 눈보라가 지구를 덮치고, 이 세상을 수호하던 신들은 하늘에서 내려온 적들과 최후의 일전을 벌인다. 또한 성경의 '요한계시록'에는 최후의 날에

말을 탄 네 명의 기사가 나타나 재앙과 혼돈을 야기하고, 그 후에 두 번째 세상이 시작된다고 적혀 있다.

물리학자들이 예측하는 종말은 크게 두 가지다. 우주의 밀도가 낮으면 팽창을 막을 정도로 중력이 크지 않기 때문에, 우주는 계속 팽창하다가 꽁꽁 얼어붙어서 최후를 맞이한다. 이것이 바로 물리학자들이 말하는 빅프리즈Big Freeze다. 별들이 핵 원료를 모두 써버려서 하늘은 캄캄해지고, 블랙홀도 증발하여 사라진다. 결국 우주는 생명체가 하나도 없이 아원자입자들만 정처 없이 떠다니는 춥고 황량한 공간으로 남을 것이다.

이와 반대로 우주의 밀도가 충분히 높으면 팽창하던 공간이 별과 은하의 중력 때문에 어느 순간부터 수축되기 시작하여 모든 질량이 하나로 뭉치고, 가차없는 중력에 의해 온도와 압력이 대책 없이 높아지면서 빅크런치Big Crunch라는 종말을 맞이하게 된다(물리학자들 중에는 이 상태에서 다시 빅뱅이 일어나 새로운 우주가 탄생한다고 주장하는 사람도 있다. 빅크런치와 빅뱅이 반복해서 일어나는 '진동하는 우주'인 셈이다).

그러나 1998년에 천문학자들은 우주에 대한 기존의 믿음을 완전히 뒤엎는 놀라운 사실을 발견했다. 우주 곳곳에 산재한 초신성의 거동을 분석해보니, 우주의 팽창 속도는 느려지지 않고 오히려 빨라지고 있었다. 오랜 세월 동안 서서히 달아나던 우주가 얼마 전부터 본격적으로 시동을 걸고 '도망가기 모드'로 진입한 것이다.

이로써 기존의 두 가지 종말 시나리오는 폐기되고, 새로운 이론이 대두되었다. 먼 훗날 우주는 점점 빨라지는 팽창속도를 주체하지 못하여 빅립Big Rip, 즉 '거대한 균열'이라는 최후를 맞이하게 된다. 우주의 팽창 속도가 지금처럼 계속 빨라지면 밤하늘은 암흑천지로 변하고(가장 가까운 별에서 방출된 빛조차도 지구에 도달하지 못하기 때문이다), 만물의 온도는 0K(섭씨 −273.15도)에 가까워진다.

이런 온도에서는 어떤 생명체도 살아남을 수 없다. 생명체뿐만 아니라 우주공간을 떠도는 분자까지도 에너지를 모두 잃게 된다.

가속팽창을 일으키는 주범은 아인슈타인이 1920년대에 도입한 우주상수이다. 이것은 진공에 함유된 에너지로서, 흔히 '암흑에너지dark energy'로 불린다. 지금까지 알려진 바에 의하면 우주에 존재하는 모든 물질과 에너지의 68.3퍼센트가 암흑에너지라는 신비한 형태로 존재하고 있다(우주의 대부분은 암흑에너지와 암흑물질로 이루어져 있다. 그러나 이 두 가지는 완전히 다른 개념이니 혼동하지 않기 바란다).

안타깝게도 기존의 이론으로는 암흑에너지를 설명할 길이 없다. 과학자들은 상대성이론과 양자역학에 기초하여 우주에 존재하는 암흑에너지의 양을 이론적으로 계산해보았는데, 황당하게도 관측 데이터로부터 추정된 값보다 무려 10^{120}배나 큰 값이 얻어졌다(1 다음에 0이 120개 붙은 수이다)!

이론과 실험은 어느 정도 차이가 나기 마련이다. 그러나 10^{120}은 '이론과 현실의 차이'라고 부르기에는 너무나 큰 수이다. 과학의 역사를 아무리 뒤져봐도, 이론과 실험(관측)이 이토록 큰 차이를 보인 적은 단 한 번도 없었다. 게다가 우주의 운명이 이 값에 달려 있으니, 과학자들은 어떻게든 정확한 답을 알아내야 했다.

현상수배: 중력자

일반상대성이론은 수십 년 동안 홀대를 받아왔지만, 최근 들어 물리학자들이 양자이론을 상대성이론에 적용하면서 새롭고 강력한 도구가 온라인상에 퍼지기 시작했다. 물리학의 무대에 새로운 분야가 화려하게 등장한 것이다.

지금까지 우리는 아인슈타인의 중력장 안에서 움직이는 물체에 양자역학을 적용하는 문제만 다루었을 뿐, 중력장 자체에 양자역학을 적용하지는 않았다. 다시 말해서, 아직은 중력자를 자세히 다룬 적이 없다.

중력자를 논하려면 지난 수십 년 동안 물리학의 최대 난제로 군림해온 양자중력이론을 거론하지 않을 수 없다. 일단은 지금까지 한 이야기를 시대순으로 정리해보자. 빛에 양자역학을 적용하면 빛의 입자인 광자가 도입되고, 광자가 움직이면 진동하는 전기장과 자기장이 그 주변에 생성되어 맥스웰의 방정식에 따라 전 공간으로 퍼져나간다. 빛이 파동성과 입자성을 동시에 갖는 것은 바로 이런 이유 때문이다. 그리고 맥스웰 방정식은 전기장과 자기장을 맞바꿔도 형태가 변하지 않는다. 즉, 이 방정식은 전기장과 자기장의 맞바꿈 변환에 대하여 대칭적이다.

광자와 전자가 충돌할 때 교환되는 상호작용도 명확한 방정식(디랙 방정식)으로 서술된다. 한때 이 방정식은 무한대를 양산하면서 물리학자들을 실망시켰지만, 파인먼과 도모나가, 그리고 슈윙거가 무한대를 교묘하게 처리함으로써 과학 역사상 가장 정확한 이론인 양자전기역학(QED)이 완성되었다. 그 다음 단계는 핵력이다. 우리는 맥스웰의 전자기장을 양-밀스 장으로 대치하고 전자를 여러 개의 쿼크와 뉴트리노 등으로 대치한 후 토프트의 트릭을 도입하여 또 한 차례 무한대를 제거했다.

이로써 자연에 존재하는 네 종류의 힘들 중 세 개를 하나의 이론으로 통일한 표준모형이 완성되었다. 강력과 약력, 그리고 전자기력의 대칭을 강제로 이어 붙이는 바람에 외관은 그리 아름답지 않지만, 어쨌거나 실험 결과와는 정확하게 일치한다. 그런데 지금까지 써먹었던 방법을 중력에 적용하기만 하면 예외 없이 문제가 발생한다.

중력을 매개하는 중력자(전자기력을 매개하는 입자는 광자이고 강력의 매개 입자는 글루온, 약력의 매개 입자는 W보손과 Z보손이다 – 옮긴이)는 광자처럼 빛의 속도로 움직이는 점입자로서, 아인슈타인 방정식을 만족하는 중력의 파동(중력파)이 그 주변을 에워싸고 있다.

여기까지는 별 문제 없다. 그러나 중력자가 다른 중력자나 원자와 충돌하면 심각한 문제가 발생한다. 이들이 충돌할 때 나타나는 현상을 이론적으로 계산할 때마다 무한대라는 답이 속출하는 것이다. 지난 70년 동안 최고의 물리학자들이 개발한 계산법을 총동원해도 무한대는 사라지지 않는다. 20세기를 대표하는 석학들이 이 문제를 해결하기 위해 혼신의 노력을 기울였지만 아무도 성공하지 못했다.

기존의 방법으로는 해결할 수 없으니, 무언가 새롭고 독창적인 아이디어가 필요하다. 이런 시기에 혜성처럼 등장한 것이 바로 끈이론이다. 끈이론은 지금도 물리학자들 사이에서 뜨거운 논쟁거리로 남아 있지만, 과거에 보어와 파울리의 말대로 '완전히 미친' 이론이기 때문에 만물의 이론으로 등극할 가능성이 있다.

6

끈이론의 약진:
가능성과 문제점들

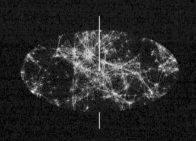

THE GOD EQUATION

1900년대 초에 아인슈타인은 물리학을 떠받치는 두 개의 기둥(뉴턴의 중력이론과 맥스웰의 전자기학)이 서로 상충된다는 사실을 발견하고 거의 10년 동안 해결책을 모색한 끝에 일반상대성이론을 완성했다. 이로써 뉴턴의 고전역학은 근 250년 만에 물리학의 무대에서 퇴출되었고, 20세기의 위대한 과학혁명이 본격적으로 시작되었다.

지금도 이와 비슷한 역사가 반복되는 중이다. 한편에는 블랙홀과 빅뱅, 우주의 팽창 등 거시적 현상을 설명하는 아인슈타인의 중력이론(일반상대성이론)이 있고, 다른 한편에는 미시세계에서 아원자입자의 거동을 서술하는 양자이론이 있다. 문제는 이들이 각기 다른 원리와 다른 수학, 그리고 다른 철학에 기초하고 있어서 전혀 친하지 않다는 점이다.

그래서 물리학자들은 차세대 과학혁명이 일어나 두 이론이 통일되기를 간절히 바라고 있다.

끈이론

1968년, 이탈리아의 물리학자 가브리엘레 베네치아노와 일본의 물리학자 스즈키 마히코는 수학책을 뒤지다가 18세기 수학자 레온하르트 오일러가 유도한 낯선 공식에 눈길이 꽂혔다. 당시 두 사람은 입자의 산란과 관련된 연구를 진행하고 있었는데, 거의 200년 전에 오일러가 유도한 추상적인 공식이 두 입자의 산란을 서술하는 공식과 완전히 똑같았다! 어떻게 그럴 수가 있을까? 일반적으로 물리학 연구는 이런 식으로 진행되지 않는다.

그 후 난부 요이치로와 홀게르 닐센, 레너드 서스킨드 등일단의 물리학자들은 오일러의 공식이 두 끈string의 상호작용을 서술한다는 것을 깨달았고, 얼마 지나지 않아 여러 개의 끈들이 산란되는 경우로 일반화되었다(나의 박사학위 논문 주제도 임의의 개수의 끈에 대한 산란 공식을 유도하는 것이었다). 그리고 일부 물리학자들은 자전하는 입자(스핀)에 끈이론을 도입함으로써 응용 분야를 더욱 넓혀놓았다.

끈이론은 새로 발견된 유전油田처럼 새로운 방정식을 다

량으로 쏟아냈다(사실 나는 이런 추세가 별로 반갑지 않았다. 패러데이 이후로 물리학은 장場을 이용하여 방대한 정보를 축약하는 쪽으로 발전해왔는데, 끈이론에는 연결관계도 모호한 방정식이 난무했기 때문이다. 나는 연구 동료였던 키카와 케이지와 함께 끈이론을 장의 언어로 표현하는 데 성공했고, 그 덕분에 모든 끈이론을 한 줄짜리 방정식으로 축약할 수 있었다).[1]

방정식의 홍수가 한바탕 쓸고 지나간 후, 새로운 그림이 조금씩 모습을 드러내기 시작했다. 입자의 종류는 왜 그리도 많은가? 2천 년 전에 피타고라스가 오직 수학적 논리만으로 음계를 만들었던 것처럼, 끈이론에서 모든 입자는 고유한 음표(끈의 진동모드)로 표현된다. 똑같은 끈의 진동 패턴에 따라 전자가 될 수도 있고, 쿼크 또는 양-밀스 입자가 될 수도 있다.

끈이론의 커다란 장점 중 하나는 중력이 자연스럽게 포함된다는 것이다. 굳이 특별한 가정을 하지 않아도, 끈의 최저에너지 진동모드 중 하나가 중력자에 대응된다. 아인슈타인이 세상에 태어나지 않았어도, 끈이론의 최저에너지 진동을 분석하면 그의 중력이론을 고스란히 재현할 수 있다.

미국의 물리학자 에드워드 위튼은 끈이론을 다음과 같

이 평가했다. "끈이론이 매력적인 이유는 이론 자체에 중력이 자동으로 포함되어 있기 때문이다. 양자장이론 quantum field theory으로는 중력을 다룰 수 없지만, 끈이론에서 중력은 선택이 아닌 필수 항목이다."

10차원

그러나 끈이론은 처음부터 기이한 특성을 연달아 드러내며 물리학자들을 곤란하게 만들었다. 가장 희한한 것은 끈이 존재하는 시공간이 4차원이 아닌 10차원이라는 점이다!

사실 모든 이론은 원하는 차원에서 전개할 수 있다. 우리가 사는 공간이 3차원이기 때문에 다른 차원의 이론을 수용하지 않는 것뿐이다(공간에서 우리가 움직일 수 있는 서로 직각을 이루는 방향은 전-후, 좌-우, 상-하뿐이다. 여기에 시간까지 고려하면 4개의 좌표가 주어져야 하나의 사건을 정의할 수 있다. 예를 들어 당신이 맨해튼에서 친구를 만나려면 "5번가 42번로 코너에 있는 건물 10층에서 정오에 만나자"는 식으로 4개의 정보를 명시해야 한다. 그러나 5차원 이상의 고차원에서 무언가가 움직이는 상황은 아무리 노력해도 머릿속에 그려지지 않는다. 세계 최고의 물리학자도 마찬가지다. 우리의 두뇌로는 고차원 공간에서 이루어지는 이동을 시각화할 수 없다. 그래서 끈이론을 연구하는 학자들은 대체로 그림이 아닌 수학에 의존하고 있다).

그러나 끈이론에서 시공간은 10차원으로 고정되어 있다. 다른 차원에서는 이론 자체가 성립되지 않는다.

10차원 끈이론이 처음 등장했을 때 물리학자들의 놀란 표정이 지금도 생생하게 기억난다. 당시 대부분의 물리학자들은 배경이 10차원이라는 것 자체가 이론이 틀렸다는 증거라며 별 관심을 보이지 않았다. 칼텍 교수였던 리처드 파인먼은 끈이론의 기초를 확립한 같은 학교 교수 존 슈워츠와 엘리베이터에서 우연히 마주쳤을 때 이런 농담을 건네곤 했다. "하이, 존! 오늘은 몇 차원에서 살고 계신가?"

그러나 끈이론을 제외한 다른 이론들은 예외 없이 치명적인 결함을 갖고 있었다. 양자보정이 무한대로 발산하거나 변칙(수학적 불일치)을 보이는 이론으로는 목적을 이룰 수 없다.

주변을 아무리 둘러봐도 결함이 없는 이론은 끈이론뿐이었기에, 물리학자들은 10차원 우주의 개념을 조금씩 수용하기 시작했다. 그러던 중 1984년에 존 슈워츠와 마이클 그린이 '기존의 통일장이론들이 갖고 있던 모든 문제점들이 끈이론에는 하나도 존재하지 않는다'는 사실을 증명함으로써 물리학계에 끈이론의 돌풍이 몰아치기 시작했다.

끈이론이 옳다면 초기 우주는 원래 10차원이었다. 그러나 상태가 불안정하여 6개의 차원이 아주 작은 공간 속으로 돌돌 말리면서 지금과 같은 4차원 시공간이 되었다. 여분의 차원이 말려 들어간 공간은 원자보다 훨씬 작기 때문에, 지금의 기술로는 도저히 관측할 수 없다.

중력자

시공간이 10차원이라고 우긴다면 '충분히 미친' 이론으로 손색이 없다. 게다가 끈이론은 일반상대성이론과 양자이론을 조화롭게 결합하여 유한한(즉, 무한대로 발산하지 않는) 양자장이론을 만들어냈다. 만물의 이론을 갈망하던 물리학자들은 이 소식을 접하고 세상을 다 얻은 듯 열광했다. 드디어 물리학계에 '끈이론의 광풍'이 몰아치기 시작한 것이다.

앞서 말한 대로 QED와 양-밀스 이론에서는 양자보정을 가했을 때 나타나는 무한대를 정교하고 지루한 계산을 통해 가까스로 제거했다.

그러나 일반상대성이론과 양자이론을 결합할 때에는 이 방법이 먹혀들지 않는다. 양자역학의 원리를 중력에 적용하려면 중력을 '중력자'라는 에너지 덩어리로 분할한 후,

이들이 다른 중력자나 물질입자(전자 등)와 충돌했을 때 나타나는 물리적 과정을 계산해야 한다. 그런데 이 과정에서 파인먼과 토프트가 개발했던 방법을 적용하면 예외 없이 무한대가 나타나 모든 계산을 망쳐버린다. 그 외에 어떤 방법을 동원해도 결과는 마찬가지다.

바로 이런 상황에서 끈이론이 혜성처럼 등장하여 거의 한 세기 동안 물리학자들을 괴롭혀왔던 무한대를 마술처럼 제거해주었다. 그리고 이번에도 마술의 비법은 역시 '대칭'이었다.

초대칭

과거에도 방정식이 대칭성을 갖는 것은 물론 좋은 일이었지만 의무사항은 아니었다. 그러나 양자이론이 등장한 후로 대칭은 '물리학의 가장 중요한 특성'으로 부각되었다.

앞서 말한 대로 이론에 양자보정을 가하면 종종 무한대로 발산하거나 이론의 대칭을 깨뜨리는 변칙적 결과를 낳곤 했다. 물리학자들은 이런 경험을 수도 없이 겪다가 수십 년 전부터 대칭을 '이론에 아름다움을 더하는 미학적 요소가 아니라, 이론의 진위 여부를 좌우하는 핵심 요소'로 간주하기 시작했다. 이론에 대칭을 요구하면 비대칭이론에 등장하는 무한대와 변칙을 제거할 수 있다. 대칭은 물리학자들

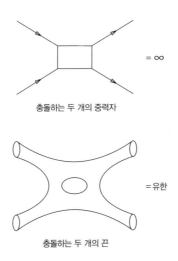

충돌하는 두 개의 중력자

= ∞

충돌하는 두 개의 끈

= 유한

그림-11 중력자 두 개가 충돌하는 과정(위쪽 그림)을 계산하면 무한대가 나타나 모든 것을 무의미하게 만들어버린다. 그러나 두 개의 끈이 충돌하는 과정(아래쪽 그림)을 계산하면 보손에 해당하는 항과 페르미온에 해당하는 항이 정확하게 상쇄되면서 유한한 양자중력이론이 얻어진다.

이 양자보정에서 풀려난 괴물을 무찌르는 최강의 검이다.

디랙이 전자의 거동을 서술하는 그의 방정식에서 전자의 스핀(팽이의 자전 효과와 비슷한 수학적 개념)이라는 물리량을 예견한 후로, 물리학자들은 모든 입자들이 스핀을 갖고 있음을 알아냈다.

스핀에는 두 종류가 있다. 양자역학의 단위를 사용했을 때 스핀은 정수(0, 1, 2, …)이거나 반정수(1/2, 3/2, …)이다. 스핀이 정수인 입자는 우주에 작용하는 힘을 서술하는 입자로서 광자와 양-밀스 입자(스핀=1), 그리고 중력자(스핀=2)가 있는데, 이들을 뭉뚱그려서 보손boson(인도의 물리학자 사티엔드라 보스의 이름에서 따온 용어)이라 한다. 즉, 보손은 힘을 매개하는 입자이다.

스핀이 반정수인 입자는 물질을 구성하는 입자로서 전자, 뉴트리노, 쿼크(스핀=1/2) 등이 여기에 속하며, 통칭은 페르미온fermion(엔리코 페르미의 이름에서 따온 용어)이다. 이들이 결합하면 양성자와 중성자 등 원자를 구성하는 모든 입자가 만들어진다. 우리 몸을 구성하는 모든 원자들은 페르미온으로 이루어져 있다.

아원자입자의 종류

페르미온(물질)	보손(힘)
전자, 쿼크	광자, 중력자
뉴트리노, 양성자	양-밀스 입자

일본계 미국 물리학자 사키타 분지와 프랑스의 물리학자 장루 제르베는 끈이론이 '초대칭supersymmetry'이라는 새로운 대칭을 갖고 있음을 증명했다. 그 후로 초대칭은 더욱 확장되어, 지금은 물리학에서 가장 규모가 큰 대칭으

로 자리잡았다. 앞에서도 여러 번 강조한 바와 같이 물리학자는 대칭에서 최상의 아름다움을 느낀다. 이론에 대칭이 존재하면 물리적 특성이 다른 입자들을 연결할 수 있기 때문이다. 우주에 존재하는 모든 입자들은 초대칭에 의해 하나로 통합된다. 앞서 말한 대로 대칭이란 대상의 구성요소를 재배열해도 대상 자체가 변하지 않는 특성을 의미한다. 초대칭에 수반되는 변환은 페르미온과 보손을 맞바꾸는 변환으로, 이런 변환을 가해도 이론의 특성은 변하지 않는다. 따라서 우주에 존재하는 모든 입자들은 우주의 물리적 특성을 그대로 유지한 채 재배열될 수 있다.

이는 곧 모든 입자마다 자신의 초대칭짝super partner에 해당하는 입자가 존재한다는 뜻이다. 예를 들어 전자의 초대칭짝은 셀렉트론selectron이고 쿼크의 초대칭짝은 스쿼크squark이며, 렙톤lepton(전자 또는 뉴트리노)의 초대칭짝은 슬렙톤slepton이다.

이것 외에도 끈이론은 놀라운 특성을 갖고 있다. 끈이론에 양자보정을 가하면 페르미온과 보손에 해당하는 두 개의 항이 얻어지는데, 두 항의 값이 기적처럼 똑같고 부호만 반대여서 정확하게 상쇄되고, 최종적으로 유한한 값만 남는다.

지난 한 세기 동안 상대성이론과 양자이론을 결합할 때마다 예외 없이 나타나 물리학자들을 괴롭혔던 무한대가 페르미온과 보손 사이의 초대칭을 도입함으로써 말끔하게 제거된 것이다(처음에는 무한대의 일부만 제거되었으나, 얼마 후 다른 방법이 개발되어 나머지 무한대도 모두 제거되었다). 끈이론의 혁명은 이렇게 시작되었다.

바로 그렇다. 끈이론은 중력과 양자이론을 통일했다. 이 세상 어떤 이론도 이런 성과를 올리지 못했다. 디랙이 살아 있었다면 매우 만족했을 것이다(디랙은 그린과 슈워츠의 논문이 발표된 해인 1984년에 세상을 떠났다 - 옮긴이). 그가 재규격화 이론을 못마땅하게 여긴 이유는 무한대를 인위적으로 더하고 빼서 상쇄시키는 것이 부자연스럽다고 생각했기 때문이다. 그러나 끈이론에서는 재규격화 과정을 거치지 않아도 무한대가 자연스럽게 상쇄된다.

또한 끈이론은 아인슈타인이 생전에 머릿속에 그렸던 이론과 매우 비슷하다. 그는 자신의 중력이론을 '우아하고 매끈하게 연마된 대리석'에 비유했다. 이와 대조적으로 물질을 서술하는 이론은 표면이 거칠고 기하학적 패턴이 없는 나무와 비슷하다. 아인슈타인의 목표는 우아한 대리석과 거친 나무를 하나로 묶어서 대리석처럼 매끈한 통일이론을 구축하는 것이었다.

끈이론은 아인슈타인의 꿈을 실현시킬 수 있는 유일한 이론이다. 초대칭은 대리석을 나무로, 또는 나무를 대리석으로 바꾸는 대칭이기 때문이다. 이 이론에서 대리석은 보손으로, 나무는 페르미온으로 표현되며, 이들은 동전의 양면처럼 긴밀하게 연결되어 있다. 자연에 초대칭이 존재한다는 증거는 아직 발견되지 않았지만, 수학적으로나 미학적으로 너무 아름다워서 전 세계 물리학자들의 마음을 사로잡아왔다.

여기서 잠시 스티븐 와인버그의 말을 들어보자.

대칭은 우리의 시야에서 벗어나 있지만, 은밀한 곳에서 모든 만물을 지배하고 있다. 내가 아는 한 대칭은 자연에서 발견된 가장 흥미로운 개념이다. 자연은 겉으로 보이는 것보다 훨씬 단순하다. 우리 세대의 과학자들이 우주의 비밀을 풀어줄 열쇠를 손에 쥐었다니, 이보다 흥분되는 일이 또 어디 있겠는가? 우리는 삶을 마감하기 전에, 은하와 입자들이 왜 지금과 같은 모습으로 존재하게 되었는지 설명할 수 있을 것이다.[2]

물리학자들은 대칭이 우주의 법칙을 통일해줄 것으로 굳게 믿고 있는데, 그 이유를 각 항목별로 정리하면 다음과 같다.

- 대칭은 무질서에서 질서를 만들어낸다. 멘델레예프의 주기율표와 표준모형은 다양한 원소와 소립자로 매우 혼란스럽지만, 대칭을 도입하면 깔끔하게 정리된다.

- 대칭은 이론의 공백을 메워준다. 대칭을 도입하면 이론에 나타난 공백으로부터 아직 발견되지 않은 원소와 소립자를 예측할 수 있다.

- 대칭은 무관해 보이는 객체들을 하나로 묶어준다. 대칭은 시간과 공간, 물질과 에너지, 전기와 자기, 그리고 페르미온과 보손의 연결고리를 찾아서 더 큰 항목으로 통일시킨다.

- 대칭은 의외의 자연현상을 알려준다. 대칭은 반물질과 스핀, 쿼크 등 새로운 입자와 물리량을 예측했으며, 결국 사실로 판명되었다.

- 대칭은 이론을 망칠 수도 있는 의외의 결과를 제거해준다. 양자보정에서 나타난 무한대와 변칙은 대칭을 통해 제거할 수 있다.

- 대칭은 고전적인 이론을 업그레이드해준다. 끈이론의 양자보정은 매우 엄밀한 과정이어서, 원래 이론을 수정하여 시공간의 차원을 결정해준다.

초끈이론superstring theory(초대칭을 도입한 끈이론)은 이

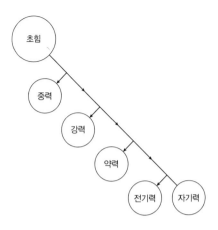

그림-12 시간이 처음 흐르기 시작했을 때 우주의 모든 입자는 거대한 대칭을 통해 하나의 힘(초힘)으로 통일되어 있었다. 그러나 이 상태는 오래가지 못하고 붕괴되어 제일 먼저 중력이 갈라져 나왔고, 얼마 후 강력과 약력이 분리되면서 초힘의 직계후손인 전자기력만 남게 되었다. 그 결과 지금의 우주는 대칭이 완전히 붕괴되어 각기 다른 네 종류의 힘이 존재하고 있다. 힘을 하나로 통일한다는 것은 이들이 하나로 통일되어 있던 과거로 되돌아가서 초힘의 특성을 규명한다는 뜻이다.

모든 특성을 십분 활용한 이론으로, 보손과 페르미온 사이의 초대칭이 핵심적 역할을 한다. 초대칭은 규모가 가장 큰 대칭으로, 우주에 존재하는 모든 입자를 하나로 통일할 수 있다(5천만 대한민국 국민들도 과거로 거슬러 올라가면 점점 큰 규모의 가족으로 통합되다가 결국은 '단군의 자손'이라는 간판 아래 한 식구가 된다. 과거로 거슬러갈수록 다른 것들이 비슷해지는 것은 일반적인 현상이다 – 옮긴이).

M-이론

끈이론은 물리학의 무대에 화려하게 데뷔했지만, 근본적인 원리를 찾는 마지막 단계가 아직 남아 있다. 다시 말해서, 이론 전체를 대변하는 하나의 방정식이 아직 발견되지 않은 상태이다. 한동안 침체기에 빠졌던 끈이론은 극적인 변화를 겪은 후 1995년에 M-이론이라는 이름으로 재등장하여 또 한번 센세이션을 일으켰다. 원래 끈이론의 문제는 양자중력이론이 무려 다섯 가지나 된다는 점이었다. 이들은 스핀이 조금 다르게 배열된 것만 빼면 거의 비슷한 이론이어서, 끈이론 학자들을 꽤나 당혹스럽게 만들었다. 옳은 이론은 한 개면 충분한데, 왜 다섯 개나 되는가? 우주가 유일하다는 전통적인 믿음이 틀렸단 말인가?

끈이론의 선두 주자 에드워드 위튼은 1차원 끈 대신 2차원 막膜, membrane(공이나 도넛의 표면처럼 생긴 막)에 기초한 11차원 이론을 구축하여 'M-이론'이라는 제목으로 발표했다. 11차원 막을 10차원 끈으로 붕괴시키는 방법이 다섯 가지였기 때문에 다섯 가지의 끈이론이 존재했던 것이다. 다시 말해서, 다섯 가지 끈이론은 M-이론이라는 모태 이론의 각기 다른 수학적 표현에 해당한다(그러므로 11차원을 10차원으로 줄였다는 것만 빼면 M이론과 끈이론은 같은 이론이다). 그런데 하나의 11차원 이론이 어떻게 다섯 개의 10차원 이론을 낳을 수 있을까?

비치볼을 예로 들어보자. 바람을 빼면 공이 쪼그라들면서 소시지 같은 모양으로 변하고, 바람을 더 빼면 소시지는 끈처럼 가늘어진다. 그러므로 끈은 '1차원 객체인 척 위장하고 있는 2차원 막'일 수도 있다.

11차원 비치볼을 10차원 끈으로 붕괴시키는 방법이 다섯 가지인 이유는 수학에서 찾을 수 있는데, 내용이 너무 길고 복잡하니 그냥 '다섯 가지'라는 사실만 기억하고 넘어가기로 하자.

그래도 찜찜한 독자들을 위해 또 한 가지 비유를 들어보자. 앞을 보지 못하는 세 사람의 현자가 길을 가다가 코끼리와 마주쳤다(이들은 코끼리라는 동물을 본 적도, 들은 적도 없다). 첫 번째 현자는 코끼리의 귀를 만져보고 '부채처럼 평평한 2차원 동물'이라 했고, 두 번째 현자는 꼬리를 만지작거리더니 '밧줄이나 1차원 끈처럼 생겼다'고 했다. 그리고 세 번째 현자는 코끼리의 다리를 만져보고 '3차원 북 아니면 원기둥처럼 생겼다'고 주장했다. 그러나 몇 걸음 뒤로 물러나서 보면 3차원 코끼리의 진정한 모습이 눈에 들어온다. 다섯 가지 끈이론은 코끼리의 귀와 꼬리, 그리고 다리와 비슷하여 각기 다른 모습을 하고 있지만, 이들에게는 코끼리(M-이론)라는 한 이론의 특성이 각기 다른 각도에서 반영되어 있다.

홀로그램 우주

끈이론은 마치 양파처럼 껍질을 벗길 때마다 새로운 모습
을 드러낸다. M-이론이 발표되고 불과 2년 만에, 아르헨티
나 출신의 미국인 물리학자 후안 말다세나가 또 하나의 놀
라운 발견을 이루어냈다.[3]

그는 한때 불가능하다고 여겨졌던 일을 해냄으로써 물
리학계의 슈퍼스타로 떠올랐다. 4차원에서 입자의 거동을
설명하는 초대칭 양-밀스 이론이 10차원의 특정 끈이론
과 이중적dual 관계에 있다는 사실을 증명한 것이다(두 이
론이 수학적으로 동일하다는 뜻이다). 그의 연구는 전 세
계 물리학자들을 흥분의 도가니로 몰아넣었고, 2015년에
발표된 물리학 논문 중 그의 이름을 언급한 논문이 거의
1만 편에 달할 정도로 막대한 영향을 미쳤다(대칭과 이중
성duality은 밀접하게 관련되어 있지만 본질은 조금 다르다.
대칭은 하나의 방정식에서 구성 요소를 재배열해도 방정
식이 변하지 않을 때 쓰는 용어이고, 이중성은 완전히 다
른 두 개의 이론이 수학적으로 동일할 때 쓰는 용어이다.
놀랍게도 끈이론은 두 가지 특성을 모두 갖고 있다).

맥스웰 방정식은 전기장(E)과 자기장(B)에 대해 이중성

을 갖고 있다. 즉, 두 개의 장을 역전시켜서 전기장을 자기장으로 바꿔도 방정식은 변하지 않는다(전자기 방정식에는 $E^2 + B^2$을 포함하는 항이 자주 나타나는데, 이 값은 피타고라스 정리처럼 E와 B를 회전시켜서 상대방과 맞바꿔도 변하지 않는다). 이와 비슷하게 다섯 개의 10차원 끈이론은 서로 이중적 관계에 있으며, 모두 11차원 M-이론의 다른 모습에 해당한다. 말다세나는 이중적 관계를 이용하여 서로 다른 여러 개의 이론이 동일한 이론의 다른 측면임을 입증했다.

또한 말다세나는 10차원 끈이론과 4차원 양-밀스 이론이 또 다른 이중적 관계에 있음을 증명했다. 이것은 아무도 예상하지 못한 결과였지만 매우 심오한 의미가 담겨 있다. 전혀 다른 차원에서 정의된 중력과 핵력 사이에서 의외의 연결고리를 찾은 것이다.

같은 차원에 존재하는 두 개의 끈은 서로 이중적 관계에 있다. 예를 들어 끈을 서술하는 방정식에서 항을 적절하게 재배열하면 하나의 끈이론을 다른 끈이론으로 바꿀 수 있다. 같은 차원에서 정의된 다섯 개의 끈이론들이 이중성을 갖는 것은 이런 이유 때문이다. 그러나 각기 다른 차원에서 정의된 객체들 사이에 이중성이 존재하는 경우는 한 번도 발견된 적이 없었다.

말다세나의 발견은 핵력의 본질을 이해하는 데 매우 중요한 실마리를 제공한다. 예를 들어 양-밀스 장으로 대표되는 4차원 게이지이론gauge theory(게이지 변환에 대하여 불변인 이론의 총칭. 게이지는 '척도'라는 뜻이지만, 여기서 말하는 게이지 변환은 척도 변환이 아니라 위상 변환에 가깝다–옮긴이)은 핵력을 서술하는 최선의 이론이지만, 어느 누구도 양-밀스 장의 정확한 해를 구하지 못했다. 그런데 4차원 게이지이론이 10차원 끈이론과 이중적 관계에 있으므로, 양자중력이론은 핵력을 이해하는 열쇠가 될 수도 있다. 다시 말해서, 핵력의 기본적 특성(양성자의 질량 계산 등)이 끈이론으로 설명될 수도 있다는 뜻이다.

새로운 접근법이 발견된 것은 물론 좋은 일이지만, 이것 때문에 위기감을 느끼는 사람도 있었다. 그동안 핵물리학자들은 양성자나 중성자 같은 3차원 객체에 집중하면서 고차원 물리학을 비웃어왔는데, 중력과 게이지이론 사이의 이중성이 알려진 후로는 핵물리학자들도 10차원 끈이론을 배워야 하는 처지에 놓인 것이다.

홀로그램 원리hologram principle라는 기이한 이중성도 예상치 못한 발전을 이끌었다. 홀로그램이란 3차원 물체의 모든 정보를 2차원 플라스틱 평면에 저장하는 기술이다. 평평한 면에 레이저를 쪼이면 갑자기 허공에 3차원 입체

영상이 나타난다. 다시 말해서, 3차원 영상의 모든 정보가 2차원 평면스크린에 저장되어 있다는 뜻이다. 이 기술을 사용하면 영화 〈스타워즈〉의 레아 공주나 로봇 R2-D2를 실물처럼 볼 수 있고, 디즈니랜드에 있는 유령의 집처럼 허공을 날아다니는 유령을 만들 수도 있다.

홀로그램 원리는 블랙홀에도 적용된다. 앞서 말한 대로 양자역학의 법칙에 의하면 임의의 책에 담긴 정보는 블랙홀 내부로 던져진 후에도 사라지지 않는다. 그렇다면 블랙홀에 갇힌 정보는 대체 어디로 가는 것일까? 한 이론에 의하면 이 정보는 사건지평선의 표면에 저장된다. 즉, 3차원 입체의 모든 정보가 2차원의 면에 저장된다는 뜻이다.

이것은 현실에 대한 개념에도 영향을 미친다. 우리는 길이와 폭, 그리고 높이로 정의되는 3차원 공간에 살고 있으며, 우리의 몸도 3차원 물체라고 확신하고 있다. 그러나 이모든 것은 환상일지도 모른다. 우리는 2차원 홀로그램 속에 존재할 수도 있다.

이것을 끈이론에 적용해보자. 우리가 경험하는 3차원 세계는 실제로 존재하는 10차원, 또는 11차원 세계가 투영된 그림자일지도 모른다. 우리가 3차원 공간에서 움직일 때, 실제로는 10 또는 11차원에서 움직이고 있다. 길을 걸을 때 바닥에 드리운 그림자는 2차원 형체라는 것만 빼고 우리와 똑같이 움직이지 않던가? 이와 마찬가지로, 지금 내가 느끼는 나는 10 또는 11차원에 존재하는 '진정한 나'의 모습이 3차원 공간에 투영된 그림자일 수도 있다.

지금까지 말한 내용을 간단하게 정리해보자. 끈이론은 지난 수십 년 동안 완전히 새로운 결과를 연속적으로 내놓았다. 이것은 이론의 기본원리를 완전히 이해하지 못했다는 뜻이기도 하다. 결국 끈이론은 끈에 대한 이론이 아니었다. 끈은 11차원에서 막으로 표현될 수 있기 때문이다.

그러므로 끈이론을 실험으로 검증하는 것은 아직 시기상조이다. 끈이론의 기본원리가 밝혀져서 실험을 통해 검증 가능한 날이 오면 그때서야 끈이론이 만물의 이론인지, 아니면 무의미한 이론인지 판정할 수 있을 것이다.

이론의 검증

끈이론은 전대미문의 성공을 거두었음에도 불구하고 눈에 띄는 약점을 갖고 있다. 과거에도 항상 그래왔듯이, 끈이론처럼 단호한 주장을 펼치는 이론이 등장하면 반대론자들이 들끓기 마련이다. 그래서 칼 세이건은 "놀라운 주장에는 놀라운 증거가 필요하다"고 했다.

(문득 세미나 석상에서 강연자를 인정사정없이 깔아뭉개던 독설의 대가, 볼프강 파울리가 생각난다. 그는 강연을

듣다 말고 자리에서 벌떡 일어나 "당신이 하는 말이 워낙 혼란스러워서 헛소리인지 아닌지조차 구별할 수 없소!"라고 쏘아붙이곤 했다.[4] 그리고 한번은 제자의 논문을 읽다가 이런 말을 한 적도 있다. "자네 생각이 느린 건 괜찮아. 그 정도는 내가 참아주지. 하지만 생각이 진행되는 속도보다 논문을 출판하는 속도가 더 빠르면 곤란해!" 만일 그가 지금까지 살아 있다면 끈이론에 대해 똑같은 말을 했을 것이다.)

끈이론에 관한 논쟁이 과열되면서 세계적인 석학들조차 두 진영으로 나뉘어 갑론을박을 벌였다. 1930년에 개최된 제6차 솔베이학회에서 아인슈타인과 보어가 양자역학을 놓고 세기적 논쟁을 벌인 후로, 물리학자들이 이토록 극명하게 대립한 적은 일찍이 없었다.

노벨상 수상자들은 대체로 끈이론에 반대하는 쪽이었다. 셸던 글래쇼는 그의 저서에서 "최고로 똑똑하다는 물리학자 수십 명이 몇 년 동안 파고들었는데 검증 가능한 결과를 단 하나도 내놓지 못했다는 것은 앞으로도 그럴 가능성이 거의 없다는 뜻"이라고 주장했고,[5] 헤라르뒤스 토프트는 끈이론을 두고 "요란한 홍보와 과대광고만 있고 실체는 없는 것이, 꼭 미국의 TV 광고를 닮았다"고 했다.

물론 끈이론을 찬양하는 사람도 많았다. 미국의 물리학

자 데이비드 그로스는 자신의 저서에 다음과 같이 적어놓았다. "아인슈타인이 살아 있다면 끈이론을 좋아했을 것이다. 끈이론의 현재 상태에 대해서는 뭐라 할 말이 없지만, 적어도 추구하는 목표는 아인슈타인의 이상과 일치한다… 또한 끈이론의 저변에 (자세한 내용은 아직 밝혀지지 않았지만) 기하학적 원리가 깔려 있다는 점도 아인슈타인의 흥미를 자극했을 것이다."

스티븐 와인버그는 끈이론을 '북극점을 찾기 위한 인류의 노력'에 비유했다. 고대에 작성된 모든 지도에는 북극점에 커다란 구멍이 표시되어 있었는데, 실제로 그것을 본 사람은 아무도 없었다. 지구 어디서나 나침반의 바늘은 그 신비한 장소를 가리켰지만, 북극점을 찾으려는 노력은 모두 실패로 끝났다. 북극점이 존재한다는 심증은 있는데 물증이 하나도 없었기에, 일부 사람들은 북극점의 존재 자체를 부정하기도 했다. 그러던 중 1909년에 미국의 탐험가 로버트 피어리가 마침내 북극을 정복했다(그러나 그곳에 구멍 같은 건 없었다 – 옮긴이).

평소 끈이론을 부정적으로 생각했던 글래쇼는 자신이 소수집단에 속한다는 사실을 인정하면서 "갑자기 나타난 포유류 무리에게 에워싸인 공룡이 된 기분"이라고 했다.[6]

끈이론에 쏟아진 비판

비평가들이 끈이론을 부정적으로 바라보는 데에는 몇 가지 이유가 있는데, 그중 하나는 '보기만 좋고 실속이 없다'는 것이다. 그들은 끈이론이 과대포장된 이론이라고 주장한다. 이론이 아름다운 것은 물론 좋은 일이지만, 아름다움 자체가 물리학의 지침이 될 수는 없다. 게다가 끈이론은 너무 많은 우주를 예측하고 있으며, 가장 치명적인 약점은 검증이 불가능하다는 것이다.

17세기의 위대한 천문학자 요하네스 케플러도 아름다움에 현혹되어 잘못된 주장을 펼친 적이 있다. 그는 몇 종류의 정다면체를 안에서 밖으로 쌓아나간 형태가 태양계와 비슷하다는 사실을 발견하고 몹시 흥분했다. 그보다 수백 년 전에 그리스인들은 다섯 종류의 다면체(정육면체, 피라미드 등)를 발견했는데, 러시아의 전통 인형 마트료시카처럼 정육면체에 외접하는 원을 그리고, 그 원에 다른 정다면체를 외접시키고, 이 정다면체에 외접하는 더 큰 원을 그리고, 이 원에 또 다른 정다면체를 외접시키고… 이런 식으로 다섯 단계를 거치고 보니, 각 원의 원주가 행성의 궤도와 거의 일치했던 것이다. 정다면체에 기초한 태양계 모형은 수학적으로 매우 아름다웠지만 결국 틀린 것으로 판명되었다.

최근 들어 일부 물리학자들은 수학적 아름다움이 물리학을 잘못된 길로 인도할 수도 있다면서 끈이론을 강도 높게 비판했다. 끈이론의 수학이 아름답다고 해서 진리라는 보장은 없다는 것이다. 물론 맞는 말이다.

그러나 나는 이 시점에서 존 키츠의 시 〈그리스풍 항아리에 바치는 노래Ode on a Grecian Urn〉의 한 구절을 인용하고 싶다.

아름다운 것은 진리요, 진리는 언제나 아름답다.
이것이 이 세상에서 우리가 알고 있는 전부이자, 알아야 할 전부이다.

폴 디랙도 "자연의 기본법칙을 탐구할 때에는 수학적 아름다움에 민감해야 한다"고 말한 것을 보면, 그도 아름다움의 원칙을 따랐음이 분명하다.[7] 실제로 그는 데이터를 뒤지는 대신 순수한 수학 공식을 이리저리 갖고 놀다가 전자의 거동을 서술하는 이론을 완성했다.

물리학에서 아름다움의 위력은 실로 막강하다. 그래서 아름다운 이론은 치밀한 사고력을 가진 물리학자를 종종 엉뚱한 곳으로 데려가곤 한다. 독일의 물리학자 자비네 호젠펠더는 그녀의 저서에 이렇게 적어놓았다. "그동안 통일된 힘과 새로운 입자, 새로운 대칭, 다중우주 등을 논하는 아름다운 이론 수백 개가 나타났다가 사라졌다. 이들은 모두 틀리고, 틀리고, 또 틀린 이론이다. 자연을 연구할 때 아름다움에 의존하는 것은 별로 바람직한 전략이 아니다."[8]

비평가들은 끈이론의 아름다움이 물리적 진실과 아무런 관련도 없다고 주장한다.

맞는 말이긴 하지만, 초대칭 같은 끈이론의 속성은 물리학적으로 응용할 곳이 없지 않은 매우 유용한 개념이다. 초대칭이 존재한다는 증거는 아직 발견되지 않았지만, 초대칭은 양자이론의 결함을 제거하는 데 핵심적인 역할을 했다. 특히 보손과 페르미온을 서로 상쇄시킴으로써 오랫동안 물리학자들을 괴롭혀왔던 무한대를 제거했고, 그 덕분에 양자중력이론은 새로운 희망을 갖게 되었다.

물론 아름다운 것 중에는 쓸모없는 것도 많다. 그러나 지금까지 발견된 물리학 이론들은 예외 없이 아름다움과 대칭을 간직하고 있다.

검증할 수 있을까?

끈이론의 가장 큰 취약점은 검증이 불가능하다는 것이다. 중력자가 보유한 에너지는 소위 말하는 '플랑크에너지Planck energy' 수준으로, 세계 최대의 입자가속기 LHC가 도달할 수 있는 최고 에너지의 1,000조 배쯤 된다. 출력이 LHC의 1,000조 배에 달하는 입자가속기를 상상해보라! 끈이론을 직접 검증하려면 은하만 한 크기의 입자가속기를 만들어야 한다.

게다가 끈이론의 모든 해들은 각각 하나의 우주에 해당하는데, 지금까지 알려진 바로는 무한개의 해가 존재한다. 그러므로 이론을 검증하려면 실험실에서 초소형 우주를 만들어야 한다! 끈이론은 원자나 분자에 대한 이론이 아니라 우주 전체를 서술하는 이론이기 때문에, 그 진위 여부는 아직 아무도 알 수 없다.

그러나 끈이론 지지자들은 이런 일로 위축되지 않는다. 과거에도 대부분의 이론은 간접적인 방법으로 검증되었다. 태양의 구성 원소는 태양에서 날아온 빛의 스펙트럼으로부터 알아냈고, 빅뱅은 지금까지 남아 있는 우주배경복사를 관측함으로써 사실로 입증되었다.

이와 비슷하게, 끈이론 학자들은 10차원이나 11차원에서 날아온 메아리를 찾고 있다. 끈이론의 증거는 우리 눈에 보이지 않을 수도 있지만, 이론을 입증하려면 직접적인 증거보다 메아리에 귀를 기울일 필요가 있다.

초공간에서 날아온 메아리 중 하나가 바로 암흑물질일지도 모른다. 얼마 전까지만 해도 천문학자들은 모든 우주 만물이 원자로 이루어져 있다고 생각했다. 그런데 알고 보니 수소와 헬륨 같은 원자는 우주 전체의 4.9퍼센트에 불과했고, 우리 눈에 보이지 않는 암흑물질과 암흑에너지가 나머지 95.1퍼센트를 차지하고 있었다(앞서 지적한 대로, 암흑물질과 암흑에너지는 완전히 다른 개념이다. 우주의 26.8퍼센트를 차지하는 암흑물질은 은하가 흩어지지 않도록 중력으로 단단히 묶어놓고 있으며, 68.3퍼센트를 차지하는 신비의 암흑에너지는 공간에 골고루 퍼져서 우주의 팽창을 주도하고 있다). 아무래도 만물의 이론을 입증해줄 증거는 보이지 않는 우주에 숨어 있는 것 같다.

암흑물질을 찾아서

암흑물질이 없으면 은하수를 비롯한 대부분의 은하는 산산이 흩어진다. 은하들이 지금과 같은 형태를 유지할 수 있는 것은 눈에 보이지 않는 암흑물질이 강한 중력을 행사하고 있기 때문이다. 그러나 암흑물질은 질량만 있고 전하가 없기 때문에, 손으로 잡으면 마치 아무것도 없는 것처럼 손가락 사이로 스르르 빠져나간다. 그러고는 바닥을 뚫고 지구 중심부를 지나 대척점(지구 반대편)까지 갔다가, 지구의 중력에 끌려 다시 당신이 있는 곳으로 돌아온다. 마치 그곳에 지구가 없는 것처럼, 아무런 방해도 받지 않고 당신과 대척점 사이를 오락가락할 것이다.

암흑물질은 이상하기 그지없지만 반드시 있어야 할 물질이다. 은하수의 회전속도와 천체의 양을 고려하여 뉴턴의 운동법칙을 적용해보면 별들끼리 잡아당기는 힘보다 원심력이 훨씬 커서 산산이 흩어져야 하는데, 실제 은하는 지난 수십억 년 동안 지금과 같은 형태를 유지해왔다. 그렇다면 가능한 시나리오는 두 가지다. 은하에는 뉴턴의 운동법칙이 적용되지 않거나, 눈에 보이지 않는 질량이 다량으로 분포되어 은하가 흩어지지 않도록 붙잡고 있어야 한다(과거에도 천문학자들은 천왕성의 궤도가 타원에서 벗어난 이유를 설명하기 위해 가상의 행성을 도입했고, 이 가설의 진위 여부를 확인하다가 해왕성을 발견했다).

암흑물질을 구성하는 입자는 흔히 '약하게 상호작용하는 무거운 입자weakly interacting massive particle', 즉 WIMP로 불리는데, 가장 그럴듯한 후보로는 광자의 초대칭짝인 포티노photino가 거론되고 있다. 포티노는 상태가 안정적이면서 눈에 보이지 않고, 질량은 있지만 전하가 없는 것이 암흑물질의 특성에 딱 들어맞는다. 물리학자들은 지구가 보이지 않는 암흑물질의 바람을 맞으면서 움직인다고 믿고 있다. 지금 이 순간에도 암흑물질이 당신의 몸을 통과하고 있다는 이야기다. 포티노가 양성자와 충돌하면 양성자가 여러 개의 소립자로 산산이 부서질 수도 있기 때문에, 이들이 검출되면 '암흑물질=포티노'라는 가설이 더욱 힘을 얻게 될 것이다. 지금도 물리학자들은 대형 수영장만한 용기에 제논(Xe)과 아르곤(Ar)을 채워넣고, 그 안에서 포티노의 충돌을 암시하는 스파크가 일어나기를 기다리고 있다. 세계적으로 약 20개의 연구팀이 우주선宇宙線(우주에서 지구로 쏟아지는 고에너지 입자 – 옮긴이)의 방해를 받지 않도록 지하 갱도에 감지장치를 설치해놓고 암흑물질이 검출되기를 기다리는 중이다. 암흑물질이 정말로 존재한다면, 이들이 다른 입자와 충돌하면서 남긴 흔적이 언젠가는 감지될 것이다. 만일 이 실험이 성공한다면 다음 단계는 암흑물질 입자의 특성을 포티노와 비교하는 것이다. 암흑물질의 실험 결과가 끈이론의 예측과 일치하면 물리학자들은 자신이 올바른 길을 가고 있다는 확신을 가질 수 있다.

가능성이 그리 높진 않지만, 지금 한창 논의 중인 차세대 입자가속기에서 포티노가 발견될 가능성도 있다.

LHC를 넘어서

일본의 과학자와 정치가들은 직선 튜브 안에서 전자빔을 발사하여 반전자빔과 충돌시키는 국제선형충돌기International Linear Collider(ILC)의 건설을 적극적으로 검토하고 있다. 일단 승인이 떨어지면 12년 안에 완성될 것이다. ILC의 장점은 양성자가 아닌 전자를 사용한다는 점이다. 양성자는 세 개의 쿼크가 글루온을 통해 결합된 복합입자여서, 한번 충돌하면 구성입자뿐만 아니라 잡다한 부산물이 무더기로 쏟아져 나온다. 반면에 전자는 복합입자가 아닌 소립자면서 양성자보다 훨씬 가볍기 때문에, 많은 에너지를 투입할 필요가 없고 충돌 결과도 훨씬 깔끔하다(전자를 입사입자로 사용하면 250GeV에서 힉스보손을 만들어낼 수 있다).

한편, 중국은 원형 전자-양전자 충돌기Circular Electron Positron Collider(CEPC)에 관심을 갖고 있다. 이 프로젝트는 2022년에 착수하여 2030년경에 끝날 예정인데, 둘레는 약 100km에 출력은 240GeV이고 총 건설 비용은 50억~60억 달러쯤 된다.

CERN(유럽 입자물리연구소)의 과학자들도 이에 뒤질세라 LHC의 뒤를 잇는 미래형 원형 충돌기Future Circular Collider(FCC)를 설계 중이다. 둘레가 약 100km인 이 장치의 예상 출력은 무려 100TeV(=100,000 GeV)에 달한다.

이 야심 찬 계획이 성공적으로 마무리된다는 보장은 없지만, 물리학자들은 LHC를 뛰어넘는 차세대 가속기에서 암흑물질이 검출되기를 간절히 바라고 있다. 암흑물질의 구성입자가 발견되면 끈이론의 예측과 비교하여 이론의 타당성을 부분적으로나마 검증할 수 있다.

초대형 가속기가 완성되면 끈이론에서 예측된 미니블랙홀의 존재 여부도 확인할 수 있다. 끈이론은 중력과 소립자를 모두 포함하는 만물의 이론이므로, 물리학자들은 가속기에서 미니블랙홀이 발견되기를 기대하고 있다(미니블랙홀은 진짜 블랙홀과 달리 에너지가 입자 몇 개 분량밖에 안 되기 때문에 아무런 해를 끼치지 않는다. 오히려 매 순간 지구로 쏟아지는 우주선의 에너지가 미니블랙홀보다 훨씬 크다. 그런데도 지구는 멀쩡하니까, 미니블랙홀이 지구를 삼킬 걱정은 붙들어 매도 된다).

빅뱅을 원자분쇄기로 이용하다

우주 역사상 가장 강력한 입자가속기였던 빅뱅 자체를 활용할 수도 있다. 빅뱅에서 방출된 복사에너지로부터 암흑물질과 암흑에너지의 실마리를 풀 수도 있다는 이야기다. 빅뱅의 잔광은 고성능 관측위성 덕분에 매우 정확하게 관측되었다.

우주 마이크로파 배경복사의 분포도를 분석하면 매끄러운 표면에 나 있는 미세한 잔물결을 볼 수 있다. 이것은 빅뱅의 순간에 나타난 미세한 양자요동의 흔적인데, 공간이 팽창하면서 지금은 제법 큰 규모로 확대된 상태이다.

문제는 배경복사 곳곳에 설명하기 어려운 반점이 존재한다는 것이다. 물리학자들 중에는 이것이 다른 우주와 충돌한 흔적이라고 주장하는 사람도 있다. 배경복사에서 주변보다 온도가 낮은 점들은 우리 우주가 다른 평행우주와 연결되어 있다가 시간이 흐르기 시작하면서 끊어진 흔적일 수도 있다. 이것이 사실이라면 다중우주에 회의적인 사람들도 생각이 달라질 것이다.

과학자들은 중력파 감지기를 우주공간에 설치하여 더욱 정확한 계산을 수행한다는 야심찬 계획을 추진 중이다.

LISA

1916년에 아인슈타인은 중력이 파동의 형태로 전달될 수도 있음을 보여주었다. 잔잔한 연못에 돌을 던지면 동심원 형태의 물결이 모든 방향으로 퍼져나가는 것처럼, 아인슈타인은 중력의 파동(중력파)이 빛의 속도로 퍼져나간다고 생각했다. 그러나 그는 '파동의 에너지가 너무 약하기 때문에 당분간은 관측할 수 없을 것'이라고 했다.

아인슈타인의 예측대로, 중력파는 그로부터 정확하게 100년이 지난 2016년이 되어서야 감지되었다. 10억 년쯤 전에 두 개의 블랙홀이 충돌하면서 발생한 중력파가 거대한 감지기에 포착된 것이다. 워싱턴주와 루이지애나주에 설치된 이 감지기는 수 제곱킬로미터의 면적을 차지하는 초대형 장비로서, 거대한 L자형 파이프 속으로 발사된 두 가닥의 레이저빔이 중앙에서 만났을 때 나타나는 간섭무늬를 분석하여 중력파의 도달 여부를 판단하도록 설계되었다.

중력파 연구에 선구적 역할을 했던 라이너 바이스와 킵 손, 그리고 배리 배리시는 2017년에 노벨상을 공동으로 수상했다. 물리학에서 중력파는 그 정도로 귀한 대접을 받는 분야이다.

물리학자들은 여기에 만족하지 않고 중력파 감지기를 우주에 설치할 계획을 세워놓고 있다. '레이저 간섭계 우주 안테나laser interferometer space antenna(LISA)'로 명명된 이 프로젝트가 완료되면 빅뱅의 순간에 발생한 진동까지 감지할 수 있을 것이다. LISA의 한 가지 버전은 세 개의 인공위성을 삼각형 대열로 배치해놓고 레이저로 연결한 형태인데, 한 변의 길이가 거의 150만 킬로미터나 된다. 빅뱅 때 발생한 중력파가 이 감지기에 도달하면 레이저빔이 미세하게 흔들리면서 그 존재를 확인하는 식이다(물론 엄청나게 민감한 장치들이 일사불란하게 작동해야 한다).

LISA의 궁극적인 목표는 빅뱅의 충격파를 시간대별로

기록한 후 테이프를 거꾸로 되돌려서 빅뱅 이전에 발생한 복사를 최대한 정확하게 재현하는 것이다. 이 데이터는 끈이론에서 예견된 값과 비교할 수도 있지만, 그 자체만으로도 엄청나게 값진 자료이다.

LISA보다 더 강력한 장비를 구축하면 아기우주의 사진을 찍을 수 있을지도 모른다. 운이 좋으면 아기우주와 모태우주 사이를 연결했던 탯줄의 흔적이 발견될 수도 있다.

역제곱법칙의 증명

끈이론이 논쟁을 야기하는 또 하나의 이유는 우리가 살고 있는 세상이 10차원, 또는 11차원이라고 주장하기 때문이다. 물론 실험적 증거는 하나도 없다.

그러나 차원 문제는 기존의 실험 장비로 검증 가능할 수도 있다. 우주공간이 정말로 3차원이라면 중력은 거리가 멀어질수록 거리의 제곱에 반비례하여 감소한다. 흔히 '뉴턴의 역제곱법칙Newton's inverse square law'으로 알려진 이 법칙을 이용하면 지구를 떠나 수백만 킬로미터 멀어진 탐사선의 경로를 놀라울 정도로 정확하게 유도할 수 있다. 관제사가 원한다면 토성 고리의 모서리를 맞추는 것도 가능하다(토성의 고리는 엄청나게 크고 넓지만, 모서리의 두께는 수십~수백 미터밖에 안 된다-옮긴이). 그러나 뉴턴의 역제곱법칙은 천문학적 거리에서 검증되었을 뿐, 짧은 거리에서 검증된 사례는 거의 없다. 만일 짧은 거리에서 측정된 중력의 세기가 역제곱법칙을 따르지 않는다면, 우리가 모르는 다른 차원이 존재할 가능성이 높다. 예를 들어 우주공간이 4차원이라면 중력은 거리의 세제곱에 반비례했을 것이다[일반적으로 공간이 N차원이라면 중력은 거리의 (N-1)제곱에 반비례한다].

우리는 주로 천문학적(또는 지구적) 규모에서 중력을 고려해왔기 때문에, 실험실 안에서 두 물체의 중력을 측정한 적은 거의 없다. 사실 이것은 결코 만만한 실험이 아니다. 일상적인 크기의 두 물체 사이에 작용하는 중력은 너무나 약하기 때문이다(두 개의 전자 사이에 작용하는 중력은 둘 사이에 작용하는 전기력의 $1/10^{41}$밖에 안 된다! - 옮긴이). 콜로라도대학교의 과학자들이 이 실험에 도전한 적이 있는데, 결과는 부정적이었다. 즉, 짧은 거리에서도 뉴턴의 역제곱법칙은 꿋꿋하게 성립했다(그러나 이것은 '콜로라도대학교 근처에는 추가된 차원이 없다'는 것을 의미할 뿐이다).

풍경문제

이론물리학자들은 대체로 비평에 익숙한 편이다. 물론 기분은 좋지 않겠지만, 자신의 이론에 최소한의 믿음을 갖고 있기에 치명상을 입지는 않는다. 그러나 자신이 연구한 이론에서 할리우드 영화를 방불케 하는 다중우주(평행우주)가 예견되었다면 이야기가 달라진다. 끈이론은 중력의 양자보정이 무한대로 발산하지 않으면서 우리 우주와 완전히 다른 우주가 무수히 많이 존재한다는 황당한 결론을 낳았다. 단, 대부분의 평행우주에서는 양성자의 상태가 불안정하여 오래가지 못하고 붕괴되기 때문에 원자와 분자로 이루어진 물질이 존재할 수 없으며, 우주 전체가 입자구름으로 가득 차 있다(독자들 중에는 이런 우주가 수학적으로나 가능할 뿐 실제로는 존재하지 않는다며 코웃음 치는 사람도 있을 것이다. 그러나 이론상으로는 어떤 우주가 더 현실적인지 결정할 수 없다. 끈이론은 특정 우주를 편애하지 않는다).

사실 이것은 끈이론만의 문제가 아니다. 예를 들어 뉴턴과 맥스웰의 방정식은 적용 대상의 물리적 조건에 따라 다르다. 즉, 뉴턴의 운동방정식과 맥스웰의 장방정식도 무수히 많은 해를 갖고 있다. 맥스웰 방정식을 전구나 레이저빔에 적용하면 단 하나의 해가 얻어지지만, 일반적으로는 적용 대상의 초기조건initial condition(운동을 처음 시작할 때 주어진 물리적 조건)에 따라 무한히 많은 해가 존재하며, 여기에 초기조건의 구체적인 값을 대입해야 비로소 하나의 해로 결정된다.

만물의 이론도 이런 문제에 직면할 가능성이 높다. 구체적인 내용이야 어떻건 간에 만물의 이론에는 초기조건에 따라 무수히 많은 해가 존재할 것이며, 여기에 특정 초기조건을 대입하면 하나의 해로 줄어들 것이다. 그런데 우주의 초기조건은 누가 어떻게 결정했는가? 아무도 모른다. 우리가 할 수 있는 일이란 어렵게 알아낸 빅뱅의 조건을 방정식에 직접 입력하는 것뿐이다.

대부분의 물리학자들은 이런 식의 풀이를 별로 좋아하지 않는다. 이상적인 이론이라면 초기조건도 이론 자체로부터 알아낼 수 있어야 한다. 우리는 빅뱅으로부터 우주의 온도와 밀도, 그리고 시공간의 구조 등 모든 것을 알아낼 수 있는 이론을 원한다. 진정한 만물의 이론은 초기조건까지 이론 안에 포함되어 있어야 한다.

다시 말해서, 우리는 우주의 시작이 단 한 가지 가능성으로 유일하게 결정되기를 원한다. 그런데 끈이론은 이 가능성이 너무 많다. 끈이론으로 우리의 우주를 예측할 수 있는가? 지난 100년 동안 이 질문에 '그렇다'고 답할 수 있는 이론은 단 하나도 없었는데, 끈이론이 나서서 '그렇다. 할수 있다!'고 외쳤다. 가히 센세이션을 일으킬 만하다. 그러나 "끈이론으로 단 하나의 우주를 예측할 수 있는가?"라고 물으면 갑자기 목소리가 작아지면서 "글쎄요··· 못할 것 같은데···"라는 답이 돌아온다. 이것이 바로 '풍경문제'이다.

이 문제에는 몇 가지 해결책이 제시되었으나, 정답이라고 하기에는 아직 부족한 점이 많다. 첫 번째 해결책은 인류원리anthropic principle라는 것으로, 그 골자는 다음과 같다. '우리의 우주가 특별한 이유는 우리처럼 지능을 가진 생명체가 하필 이곳에 살면서 풍경문제라는 것을 논의하고 있기 때문이다.' 다시 말해서, 원래 우주는 무수히 많이 있었는데 우리의 우주는 지적 생명체가 살아갈 수 있는 우주였고, 그래서 지금 우리가 풍경문제 때문에 고민하고 있다는 것이다. 우리의 우주는 빅뱅이 일어나던 순간에 초기 조건이 결정되어 오늘날 지적 생명체가 존재하게 되었으며, 그 외의 우주에는 생명체가 없으니 풍경이 어찌됐건, 만물의 이론이 있건 없건, 너무도 조용하고 평화롭게 유지되고 있다.

내가 이 개념을 처음 접한 것은 초등학교 2학년 때였다. 어느 날 선생님이 우리에게 우주에 관한 이야기를 들려주다가 "하느님이 지구를 유난히 사랑해서 태양으로부터 알맞은 거리에 갖다놓았다"고 했다. 너무 가까우면 바닷물이 펄펄 끓어서 증발했을 것이고 너무 멀면 다 얼어붙었을 텐데, 딱 알맞은 거리에 놓였기 때문에 살기 좋은 지구가 되었다는 것이다. 나는 어린 나이에도 불구하고 너무 큰 충격을 받아 입을 다물지 못했다. 우주의 특성이 순수한 논리만으로 결정될 수 있다는 것을 처음으로 깨달았기 때문이다. 그러나 그 후로 탐사위성이 발견한 외계행성은 거의 4,000개에 달하고, 이들은 모두 지구처럼 모항성 주변을 공전하고 있다. 지구처럼 항성으로부터 적절한 거리에 놓인 행성은 아직 발견되지 않았지만, 생명체가 우리뿐이라고 단언하기에는 우주에 별이 너무 많다. 그러므로 우리가 택할 수 있는 답은 둘 중 하나이다. (1)지구를 각별히 사랑하는 신이 존재하거나, (2)다른 행성들은 너무 뜨겁거나 차가워서 생명체가 살 수 없고, 오직 지구만이 명당자리를 차지하여 풍경문제를 놓고 왈가왈부하는 생명체가 존재하게 되었다. 이 논리를 한 단계 확장하여 우주 자체에 적용하면 다음과 같다. 무수히 많은 우주가 죽음의 바다를 표류하고 있는데, 그중 유일하게 우리의 우주에만 생명체가 존재하여 이런 문제를 놓고 고민하고 있다.

인류원리는 우리 우주와 관련된 이상한 실험적 사실을 설명해준다. 아무리 생각해도 자연의 모든 상수는 생명체가 존재할 수 있도록 정교하게 세팅된 것 같다. 어떻게 그럴 수 있을까? 미국의 물리학자 프리먼 다이슨은 '우주는 마치 우리가 등장할 것을 처음부터 예견했던 것 같다'고 했다. 핵력이 지금보다 조금만 약했다면 태양이 점화되지 않아서 태양계는 암흑천지가 되었을 것이고, 강력이 지금보다 조금만 강했다면 태양은 이미 수십억 년 전에 연료가 고갈되어 죽은 별이 되었을 것이다. 지금 우리가 존재할 수 있는 것은 핵력의 세기가 기적처럼 들어맞았기 때문이다.

핵력뿐만이 아니다. 중력이 지금보다 아주 조금 약했다면 우주는 빅뱅 후 대책 없이 팽창하여 오래전에 빅프리즈Big Freeze로 끝났을 것이고, 지금보다 조금 강했다면 우주는 오래전에 한 덩어리로 뭉쳐서 빅크런치Big Crunch를 맞이했을 것이다. 그러나 중력은 아슬아슬하게 알맞은 값으로 세팅되어 오랜 세월 동안 유지되었고, 그 덕분에 생명이 태어나 번성할 수 있었다.

그 외에 다른 상수들도 값을 조금만 바꾸면 예외 없이 '생명체가 살 수 없는 우주'로 귀결된다. 우리는 모든 면에서 생명체에게 가장 유리한 '골디락스 존Goldilocks zone(〈골디락스와 곰 세 마리〉라는 동화에서 유래한 용어로, '가장 적절한 상태'를 의미한다–옮긴이)'에 살고 있다. 무수히 많은 다중우주를 대상으로 복권을 발행했는데, 거의 0에 가까운 확률을 극복하고 우리가 당첨된 것이다. 다중우주 가설에 의하면 우리 우주는 복권에 당첨되지 않아서 생명체가 존재하지 않는 무수히 많은 '죽은 우주들' 사이를 표류하고 있다.

인류원리는 무수히 많은 우주들이 난립한 풍경 속에서 우리 우주가 선택된 이유를 설명해준다. 우리 우주에는 선택되었음을 인지할 수 있는 생명체가 존재하기 때문이다.

끈이론에 대한 나의 개인적 견해

나는 1968년부터 끈이론을 연구해왔기에, 나만의 확고한 관점을 갖고 있다. 그러나 끈이론을 아무리 들여다봐도 만물의 이론은 아직 모습을 드러내지 않은 것 같다. 그래서 끈이론을 현재의 우주와 비교하는 것은 아직 시기상조라고 본다.

끈이론의 특징 중 하나는 주기적으로 새로운 개념과 수학을 양산했다는 점이다. 끈이론은 거의 10년마다 한 번씩 혁명적인 변화를 몰고 오면서 자연에 대한 우리의 관점에 대대적인 수정을 가해왔다. 나는 이 모든 변화를 현장에서 목격했지만 완전한 형태의 끈이론은 아직 등장하지 않았고, 궁극적인 원리는 여전히 베일에 싸여 있다. 궁극의 원리가 밝혀진 후에야 우리는 끈이론을 실험 결과와 비교할 수 있을 것이다.

피라미드 발굴하기

나는 끈이론이 처한 상황을 '이집트 사막에서 보물찾기'에 비유하곤 한다. 어느 날 당신이 사막을 걷다가 우연히 작은 바위를 발견했다고 하자. 모래를 털어내고 보니 뾰족한 형태로 정교하게 가공된 돌이었다. 기념품으로 가져가려고 모래 밑을 파기 시작했는데, 파면 팔수록 뾰족한 돌은 아래로 넓어지기만 할 뿐 끝이 보이지 않았다. 결국 굴착 징비를 농원하여 끝까지 파고 들어갔더니, 그 작은 돌은 거대한 피라미드의 꼭대기 부분이었다. 잔뜩 흥분한 당신은 급하게 발굴팀을 꾸려서 피라미드를 꼭대기부터 층층이 뒤지기 시작했고, 아래로 내려갈수록 이상한 방과 진귀한 예술품이 속속 발견되었다. 몇 년에 걸친 발굴 작업 끝에, 드디어 당신은 바닥에 있는 마지막 문에 도달했다. 이제 문을 열면 피라미드를 만든 주인공이 밝혀질 것이다.

나는 끈이론 학자들이 아직 피라미드의 바닥에 도달하지 못했다고 생각한다. 이론을 분석할 때마다 새로운 수학이 계속 등장하고 있기 때문이다. 이론의 최종 형태에 도달하려면 아직도 많은 단계를 거쳐야 할 것 같다. 간단히 말해서, 끈이론은 우리보다 훨씬 똑똑하다.

모든 끈이론은 장이론의 관점에서 길이가 몇 센티미터에 불과한 방정식으로 표현할 수 있다. 그러나 이런 방정식이 10차원에서 무려 다섯 개나 존재한다.

끈이론은 장이론의 형태로 쓸 수 있지만, M-이론은 그렇지 않다. 그래서 우리는 미래의 똑똑한 물리학자가 M-이론의 모든 것을 하나의 방정식으로 요약해주기를 간절히 바라고 있다. 막(끈보다 훨씬 다양한 방식으로 진동할 수 있다)을 장이론의 형태로 표현하는 것은 너무나도 어려운 일이다. M-이론에는 '동일한 이론을 서술하면서 서로 무관해 보이는 방정식'이 여러 개 존재한다. M-이론을 장이론의 형태로 쓸 수 있다면, 모든 내용을 단 하나의 방정식으로 요약할 수 있을 것이다.

이 꿈 같은 일이 언제 실현될지는 아무도 알 수 없다. 일반 대중들도 끈이론의 과대광고에 몇 번 속은 후 관심이 많이 사그라졌다.

끈이론 학자들 사이에도 비관론이 대두될 정도이다. 노벨상 수상자 데이비드 그로스의 말대로, 끈이론은 산의 정상과 비슷하다. 등반 중에는 정상이 또렷하게 보이는데, 가까이 갈수록 물러나는 것 같다. 최종 목표가 코앞에 있는데, 아무리 손을 뻗어도 닿지 않는다.

일리 있는 말이다. 초대칭이 언제 관측될지 알 수 없으니, 현 상황을 좀 더 넓은 시야에서 바라볼 필요가 있다. 이론의 진위 여부를 좌우하는 것은 연구자의 주관적 욕망이 아니라 구체적인 결과이다. 우리는 죽기 전에 완성된 이론을 보고 싶지만, 자연은 나름대로 고유한 시간표를 갖고 있다.

예를 들어 원자론은 처음 등장한 후 사실로 입증될 때까지 거의 2천 년이 걸렸고, 구체적인 형태를 눈으로 확인한 것은 극히 최근의 일이다. 심지어 뉴턴과 아인슈타인의 위대한 이론도 사실로 확인될 때까지 수십 년이 걸렸다. 블랙홀은 1783년에 존 미첼이 처음으로 예견했지만 2019년에 와서야 사건지평선의 사진을 찍을 수 있었다.

나는 개인적으로 끈이론에 대한 비관론이 오해에서 비롯되었다고 생각한다. 이론에 대한 증거는 초대형 입자가 속기에서 나오는 것이 아니라, 누군가가 이론의 수학 체계를 완성했을 때 자연스럽게 발견될 것이기 때문이다.

여기서 핵심은 끈이론의 실험적 증거가 굳이 필요하지 않을 수도 있다는 것이다. '모든 것의 이론'은 '모든 일상적인 것의 이론'이기도 하다. 쿼크를 비롯한 아원자입자의 질량을 제1원리로부터 유도할 수 있다면, 이것만으로도 최종 이론은 입증된 거나 다름없다.

문제는 실험이 아니다. 표준모형에는 이론으로부터 유도할 수 없어서 손으로 직접 입력해야 하는 변수 값(쿼크의 질량, 상호작용의 세기 등)이 무려 20여 개나 된다. 그

동안 물리학자들은 수많은 실험을 통해 입자의 질량과 상호작용의 세기와 관련하여 충분한 데이터를 확보해놓았다. 아무런 가정을 내세우지 않고 끈이론의 제1원리로부터 이 기본상수들의 값을 이론적으로 재현할 수 있다면 그것으로 충분하다. 더 이상 무슨 증명이 필요하겠는가? 이미 값이 알려진 우주의 변수들이 단 하나의 방정식으로부터 재현된다면, 그야말로 과학 역사상 최고의 기념비적인 사건으로 기록될 것이다.

그런데 길이가 2~3cm 남짓한 궁극의 방정식을 손에 넣었다면, 이것으로 어떤 일을 할 수 있을까? 인류원리 같은 궁색한 논리를 펼치지 않고서도 풍경문제를 해결할 수 있을까?

한 가지 가능성이 있다. 대부분의 우주들이 불안정하여 결국 우리 우주와 같은 형태로 붕괴된다면, 우리가 특별한 우주에 살게 된 이유를 애써 설명하지 않아도 된다. 앞서 말한 대로 진공은 아무것도 없는 따분한 상태가 아니다. 진공에서는 목욕탕의 욕조처럼 수많은 거품우주bubble universe들이 수시로 나타났다가 사라지고 있다. 호킹은 이것을 '시공간거품space-time foam'이라 불렀다. 작은 거품우주의 대부분은 상태가 불안정하여 진공 중에서 느닷없이 나타났다가 곧바로 사라진다.

끈이론의 최종 형태가 완성되면, 다른 우주들이 불안정하여 우리 우주와 같은 형태로 붕괴된다는 것을 증명할 수 있을지도 모른다. 예를 들어 거품우주의 자연스러운 수명은 플랑크시간Planck time에 해당하는 10^{-43}초쯤 된다. 우리의 머리로는 도저히 상상할 수 없을 정도로 짧은 시간이다. 대부분의 우주는 이 정도로 단명한다. 그러나 우리 우주의 나이는 138억 년으로, 다른 우주와 비교기 인 될 만큼 오래되었다. 다시 말해서, 우리 우주는 무수히 많은 우주들이 사방에 널려 있는 장대한 풍경 속에서 매우 특별한 존재일 수도 있다는 뜻이다.

그런데 최종적으로 얻은 방정식이 너무 복잡해서 손으로 풀 수 없다면 어떻게 될까? 이런 경우에는 우리 우주가 다른 우주보다 특별하다는 것을 입증할 수 없을 것 같다. 하지만 우리에게는 컴퓨터라는 막강한 연산장치가 있지 않은가? 사실 쿼크 이론도 컴퓨터를 통해 완성되었다. 앞서 말한 대로 양-밀스 입자는 여러 개의 쿼크를 단단하게 결합시키는 접착제 역할을 한다. 그러나 50년이 지나도록 이것을 수학적으로 증명한 사람은 아무도 없었고, 반복되는 실패에 지친 물리학자들은 모든 희망을 접고 컴퓨터로 눈을 돌렸다. 그렇다. 양-밀스 방정식을 푼 주인공은 사람이 아니라 컴퓨터였다.

이 작업은 시공간을 일련의 격자점lattice point으로 단순화하는 것으로 시작된다. 우리는 시공간이 무수히 많은 점들로 이루어진 매끄러운 연속체라고 생각해왔다. 이런 곳에서 물체가 움직이면 무수히 많은 점들을 통과하게 된다. 그러나 시공간을 '띄엄띄엄 배열된 점들의 집합'으로 간주하고 방정식을 푼 후 점 사이의 간격을 서서히 줄여나가면 최종 이론이 모습을 드러내기 시작한다. 이 방법은 M-이론에도 적용할 수 있다. M-이론의 최종 방정식을 컴퓨터에 입력하여 격자 공간에서 푼 다음 격자 사이의 간격을 줄여나가면 된다.

이 시나리오에 의하면 우리의 우주는 슈퍼컴퓨터에서 출력된 결과물인 셈이다(문득 더글러스 애덤스의 소설《은하수를 여행하는 히치하이커를 위한 안내서》가 생각난다. 초대형 슈퍼컴퓨터에게 삶의 의미를 물었는데, 무려 750만 년 동안 열심히 계산한 끝에 컴퓨터가 내놓은 답은 '42'라는 숫자였다).

차세대 입자가속기나 깊은 갱도 속에 설치된 입자감지기, 또는 우주에 떠 있는 중력파 감지기가 끈이론의 타당성을 입증해줄 수도 있다. 그러나 이 모든 시도가 실패로 끝난다 해도, 지칠 줄 모르는 열정과 체력으로 무장한 후대 물리학자들이 언젠가는 만물의 이론의 최종 수학 체계를 알아낼 것이다. 끈이론을 실험 데이터와 비교하는 것은 그때가 되어야 가능하다.

이 여정이 끝날 때까지 물리학자들은 온갖 우여곡절을 겪을 것이다. 그러나 언제가 되었건, 만물의 이론은 인류 앞에 반드시 모습을 드러낼 것이다. 적어도 나는 그렇게 믿는다.

끈이론의 미래에 대한 이야기는 이 정도로 해두고, 다음 질문으로 넘어가보자. 끈이론은 대체 어디서 온 이론인가? 만물의 이론이 거대한 계획의 일환이라면, 누군가가 그런 계획을 세웠다는 말인가? 그렇다면 우주 자체도 목적과 의미를 갖고 있는가?

7

우주의 의미를 찾아서

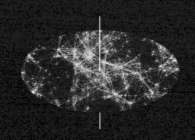

THE GOD EQUATION

앞서 말한 대로 네 가지 기본 힘의 특성이 하나씩 밝혀질 때마다 자연은 조금씩 베일을 벗었으며, 문명사회는 대대적인 과학혁명을 겪으면서 삶의 질이 크게 향상되었다. 뉴턴의 운동법칙과 중력법칙은 산업혁명의 토대가 되었고, 패러데이와 맥스웰이 구축한 고전전자기학은 19세기 말에서 20세기 초까지의 전기혁명을 이끌었다. 또한 아인슈타인과 양자물리학의 선구자들은 자연의 확률적이고 상대적인 속성을 밝힘으로써 첨단 기술로 대변되는 세 번째 과학혁명의 시조가 되었다.

이 모든 과정을 겪은 지금, 우리는 네 가지 힘을 하나로 통일하는 만물의 이론을 향해 나아가고 있다. 꿈같은 이야기지만, 우리가 마침내 만물의 이론을 완성했다고 가정해보자. 이 이론이 엄밀한 검증을 무사히 통과하여 전 세계

과학자들에게 수용되었다면, 우리의 삶과 사고방식, 그리고 우주관에 어떤 영향을 미칠 것인가?

단기적으로는 별 영향을 미치지 못할 것 같다. 만물의 이론에서 얻은 모든 해들은 각각 하나의 우주에 해당하기 때문이다. 이론에서 다루는 에너지는 플랑크에너지 수준인데, 이 값은 LHC(대형 강입자충돌기)에서 생산되는 에너지보다 훨씬 크다. 즉, 이론에 등장하는 에너지가 빅뱅이나 블랙홀과 맞먹는 수준이어서, 일상적인 삶과 무관한 먼 나라 이야기일 뿐이다.

만물의 이론이 우리에게 미치는 영향은 다분히 철학적인 색채를 띨 것이다. 왜냐하면 만물의 이론은 여러 세대에 걸쳐 위대한 사상가들을 괴롭혀왔던 질문에 궁극적인 답을 줄 것이기 때문이다. 시간여행은 가능한가? 창조 이전에는 무엇이 있었는가? 우주는 어디서 왔는가?

영국의 위대한 생물학자 토머스 헉슬리는 1863년에 이런 말을 남겼다. "인간에게 가장 중요하면서 다른 어떤 것보다 흥미로운 문제는 자연에서 인간의 위치를 확립하고 우주와 인간의 관계를 규명하는 것이다."

그렇다면 또 다른 질문이 떠오른다. 만물의 이론은 우주의 의미에 대해 어떤 이야기를 들려줄 것인가?

아인슈타인의 개인비서였던 헬렌 듀카스의 증언에 의하

면, 그는 '삶의 의미는 무엇입니까?'라거나 '당신은 신의 존재를 믿습니까?'라는 등 온갖 질문이 적힌 편지 더미에 압사할 지경이었다고 한다. 그는 '우주의 목적을 묻는 사람들의 질문에 일일이 답하는 것은 도저히 불가능하다'며 답장을 거의 쓰지 않았다.

우주의 의미와 창조주의 존재 여부는 지금도 여전히 대중들의 마음을 사로잡는 흥미로운 문제이다. 아인슈타인이 숙기 직전에 쓴 편지 한 통이 2018년에 한 경매장에 매물로 나왔는데, 무려 290만 달러에 낙찰되어 경매 관계자들을 놀라게 했다.

아인슈타인은 누군가가 삶의 의미를 물을 때마다 궁색한 표정을 짓곤 했지만, 신에 관해서는 확고한 신념을 갖고 있었다. 그는 이 세상에 두 종류의 신이 존재하며, 둘을 확실하게 구별해야 한다고 강조했다. 첫 번째는 사람들이 기도할 때 찾는 인격적인 신으로, 성경에 적힌 대로 블레셋(팔레스타인)을 벌하고 믿음에 보답하는 신이다. 아인슈타인은 이런 신을 믿지 않았다. 그는 우주를 창조한 신이 인간사에 일일이 간섭할 리가 없다고 생각했다.

아인슈타인이 믿은 것은 스피노자의 신이었다. 즉, 우주에 아름다움과 단순함, 우아함을 부여하여 지금과 같은 질서를 창조한 신을 믿은 것이다. 우주는 추하고, 무작위적이고, 혼란스러운 곳이 될 수도 있었지만, 신은 보이지 않는 곳에 심오한 질서를 숨겨놓았다.

아인슈타인은 자신을 '거대한 도서관에 막 들어선 아이'에 비유했다. 미스터리로 가득 찬 우주의 해답이 방대한 양의 책에 적혀 있는데, 그 한복판에 자신이 서 있다는 뜻이다. 그가 일생을 두고 추구했던 목표는 그 책의 단 몇 장章이라도 읽어보는 것이었다.

그러나 아인슈타인은 질문만 남겨놓고 조용히 사라졌다. 우주가 거대한 도서관이라면 그곳을 관리하는 사서는 누구이며, 책을 쓴 저자는 누구인가? 모든 물리법칙이 만물의 이론으로 설명된다면, 그 방정식은 어디서 온 것인가?

그가 제기한 또 하나의 질문도 매우 심오하다. '신은 이 세상을 왜 하필 지금과 같은 모습으로 창조했을까? 다른 선택의 여지가 없어서 그랬을까? 아니면 지금과 같은 모습을 특별히 선호했던 것일까?'

신을 증명하다

선뜻 답할 수 없는 질문이다. 특히 신의 존재를 논리적으로 증명하거나 반증하려 할 때에는 위와 같은 질문의 답이 더욱 모호해진다. 호킹은 단호한 무신론자였다. 그는 빅뱅이 매우 짧은 순간에 일어났음을 강조하면서, '제아무리 신

이라 해도 그토록 짧은 시간에 우주를 창조할 수는 없다'
고 주장했다.

아인슈타인의 이론에 의하면 우주는 거의 찰나의 순간
에 팽창했다. 그러나 다중우주 가설에 의하면 우리의 우주
는 시도 때도 없이 태어나는 수많은 거품우주들 중 하나에
불과하다.

그렇다면 시간은 빅뱅과 함께 흐르기 시작한 것이 아니
라, 우리 우주가 태어나기 전부터 이미 흐르고 있었을 것
이다. 개개의 우주는 아주 짧은 시간에 탄생하지만, 다중우
주 전체는 영원히 존재할 수도 있다. 그러므로 만물의 이
론이 완성된다 해도 신의 존재에 대한 의문은 여전히 미지
로 남게 된다.

그러나 지난 수백 년 동안 신학자들은 신의 존재를 논
리적으로 증명할 때 정반대의 관점을 고수해왔다. 13세기
가톨릭교회의 위대한 신학자였던 성 토마스 아퀴나스는
신의 존재를 확인하는 다섯 가지 증명을 제시했는데, 그
중 세 개를 여기 소개한다(다섯 개 중 두 개는 다른 항목
과 중복되기 때문에 생략했다). 이 증명들이 흥미로운 이
유는 만물의 이론과 관련된 심오한 질문을 연상시키기 때
문이다.

1. 우주론적 증명

물체가 움직이는 이유는 무언가에 의해 밀렸기 때문이다. 즉, 무언가가 그 물체를 움직이게 만들었다. 그렇다면 우주가 움직이게 만든 최초의 원인First Cause은 무엇이며, 최초의 원인 제공자First Mover는 누구인가? 그런 일을 할 수 있는 존재는 신밖에 없다.

2. 목적론적 증명

우리는 어디서나 정교하고 복잡한 물체를 쉽게 볼 수 있다. 모든 디자인은 디자이너의 손을 통해 탄생한다. 그러므로 최초의 디자이너는 신이었다.

3. 존재론적 증명

정의에 의해, 신은 우리가 상상할 수 있는 가장 완벽한 존재이다. 물론 우리는 '존재하지 않는 신'도 상상할 수 있다. 그런데 존재하지 않는 신은 결코 완벽할 수 없다. 그러므로 신은 반드시 존재해야 한다.

신이 존재한다는 토마스 아퀴나스의 증명은 수백 년 동안 충실하게 전수되어 기독교인들의 신앙을 유지하는 데 적지 않은 영향을 미쳤다. 그러나 19세기 독일의 철학자 임

마누엘 칸트는 '완벽함과 존재는 별개의 개념이므로, 아퀴나스의 존재론적 증명에는 논리적 오류가 있다'고 주장했다. 완벽하다고 해서 반드시 존재할 필요는 없다는 것이다.

나머지 두 개의 증명은 현대과학과 만물의 이론의 관점에서 다시 생각해볼 필요가 있다. 목적론적 증명은 분석이 매우 간단하다. 생명이건 물건이건, 복잡한 것은 어디에나 존재한다. 그러나 생명체가 복잡한 이유는 진화론으로 설명할 수 있다. 충분히 긴 시간이 흐르면 생명체는 순수한 우연과 적자생존을 통해 복잡한 구조로 진화한다. 즉, 정교한 디자인은 덜 정교한 디자인으로부터 무작위로 나타날 수 있으므로, 굳이 최초의 생명을 설계한 디자이너를 도입할 필요가 없다.

반면에 우주론적 증명에 대한 분석은 다소 모호한 구석이 있다. 현대의 물리학자들은 비디오테이프를 거꾸로 되돌려서 우주가 빅뱅에서 탄생했음을 증명했다. 그런데 빅뱅 이전으로 가려면 다중우주 가설을 도입해야 한다. 다중우주가 빅뱅의 원인을 설명해준다면, 다중우주 자체는 언제 어떻게 만들어졌는가? 그리고 다중우주가 만물의 이론에서 필연적으로 나타나는 결과라면, 만물의 이론은 대체 어디서 왔는가?

이 시점에 이르면 우리의 사고는 물리학에서 형이상학

으로 넘어간다. 물리학만으로는 물리법칙의 출처를 알아낼 수 없기 때문이다. 그러므로 '최초의 움직임을 유발한 존재'와 '최초의 원인'에 기초한 토마스 아퀴나스의 우주론적 증명은 지금도 여전히 유효하다.

만물의 이론의 가장 중요한 특징은 대칭일 가능성이 높다. 그런데 이 대칭은 어디서 온 것인가? 대칭이 심오한 수학적 진리의 부산물이라면, 수학은 또 어디서 왔는가? 이 질문에는 만물의 이론도 침묵할 수밖에 없다.

지난 100년 사이에 과학자들은 생명의 기원과 우주에 대해 엄청나게 많은 사실을 새로 알아냈다. 그러나 800년 전에 토마스 아퀴나스가 제기했던 질문은 지금도 여전히 숙제로 남아 있다.

나의 개인적 관점

우주는 실로 아름답고 질서정연하면서 단순한 곳이다. 물리적 우주를 관장하는 모든 법칙들이 종이 한 장에 요약된다는 것은 정말 놀라운 일이 아닐 수 없다.

이 종이의 한 부분에는 아인슈타인의 상대성이론이 있고, 입자동물원을 정리한 표준모형은 훨씬 복잡하여 종이의 대부분을 차지한다. 두 이론은 양성자의 깊은 내부에서 관측 가능한 우주의 끝에 이르기까지, 우리가 알고 있는 우주의 모든 것을 서술하고 있다.

이 모든 내용이 한 장의 종이에 요약된다. 사전에 아무런 계획 없이 우연히 탄생한 우주 치고는 너무도 우아하고 아름답다. 나는 이것이야말로 신의 존재를 입증하는 가장 강력한 증거라고 생각한다.

그러나 이 세상을 이해할 때에는 '증명 가능하고 재현 가능하며 반증도 가능한' 과학을 동원해야 한다. 이것이 논지의 핵심이다. 문학작품에 대한 평가는 시간이 흐를수록 다양한 의견이 제시되면서 복잡해지는 경향이 있다. 예를 들어 제임스 조이스의 소설에 대한 평가는 평론가마다 각양각색인데, 이 상황은 세월이 아무리 흘러도 달라지지 않을 것이다. 반면에 물리학 이론은 시간이 흐를수록 몇 개의 방정식으로 축약되면서 더욱 단순하고 강력해진다. 이것이 바로 물리학의 매력이다. 그러나 과학자들은 과학을 넘어선 영역에 무언가가 존재한다는 것을 선뜻 인정하지 않는다.

일반적으로 어떤 존재를 부정하는 것은 원리적으로 불가능하다.

유니콘을 예로 들어보자. 인류는 기나긴 세월 동안 지구 곳곳을 돌아다녔지만 유니콘을 본 사람은 한 명도 없다. 그러나 목격자가 없다고 해서 유니콘의 존재 자체를 부정할 수는 없다. 아직 발견되지 않은 미지의 섬이나 동굴 속에 유니콘이 살고 있을지도 모르기 때문이다. 이와 마찬가지로, 앞으로 수백 년이 흐른 뒤에도 사람들은 신의 존재와 우주의 의미를 놓고 여전히 논쟁을 벌일 것이다. 이런 개념은 과학의 범주에 속하지 않기 때문에 검증할 수 없고 결정할 수도 없다.

'탐사선을 타고 우주 곳곳을 돌아다녔는데 신과 마주친 적은 단 한 번도 없었다.' 이런 논리로는 신의 존재를 부정할 수 없다. 우주는 넓고, 못 가본 곳은 사방에 널려 있기 때문이다.

그래서 나는 불가지론자가 되었다. 우주탐사는 이제 막 우주의 표면을 살짝 긁어본 수준에 불과한데, 우주 전체의 속성을 마치 다 아는 것처럼 단언하는 것은 주제를 넘어도 한참 넘은 짓이다.

그러나 토마스 아퀴나스가 말한 최초의 원인 제공자나 최초의 원인에 대해서는 좀 더 생각해볼 여지가 남아 있다. 우주 만물은 어디서 왔는가? 우주가 만물의 이론에 의거하여 시작되었다면, 만물의 이론은 어디서 왔는가?

내가 만물의 이론이 존재한다고 믿는 이유는 그것이 '수학적으로 타당한' 유일한 이론이기 때문이다. 그 외의 다른 이론들은 태생적인 결함을 갖고 있으면서 수학적으로 타당하지도 않다. 만일 당신이 다른 이론에서 출발하여 우주의 비밀을 풀어나간다면 2+2=5처럼 비정상적인 결론에 도달할 것이다. 다시 말해서, 다른 이론은 자체모순적이라는 뜻이다.

앞에서도 말했지만, 만물의 이론 앞에는 숱한 장애물이 길을 가로막고 있다. 이론에 양자보정을 가하면 무한대로 발산하거나 대칭이 이상하게 망가지는 등 심각한 부작용이 속출한다. 그러나 나는 이 모든 악재에도 불구하고 하나의 해가 반드시 존재한다고 믿는다. 우주는 15차원 공간에서 존재할 수 없다. 이런 공간에서는 위와 같은 치명적인 오류가 발생하기 때문이다[10차원 끈이론에 양자보정을 가하면 $(D-10)$이라는 인자가 곱해진 항이 종종 나타나는데, 여기서 D는 시공간의 차원이다. 여기에 $D=10$을 대입하면 그 뒤에 곱해진 항이 무엇이건 간에 무조건 0으로 사라진다. 그러나 $D \neq 10$이면 모순이 난무하고 수학적 논리에 위배되는 엉뚱한 우주가 얻어진다. 이와 마찬가지로 끈이론에 막을 추가한 M-이론의 양자보정을 계산하면 별로 반갑지 않은 항에 $(D-11)$이라는 인자가 곱해진 형태로 나타난다. 그러므로 끈이론이 $2+2=4$처럼 자체모순이 없는 우주를 낳으려면 시공간은 10차원이거나 11차원이어야 한다].

이것은 아인슈타인이 만물의 이론을 찾다가 떠올린 질문의 답이 될 수 있다. 신은 우주를 창조할 때 다른 선택의 여지가 없었는가? 존재할 수 있는 우주는 단 하나뿐인가? 아니면 여러 후보 중에서 지금과 같은 우주가 선택된 것뿐인가?

내 생각이 옳다면 선택의 여지가 없었다. 우주를 올바르게 서술하는 방정식은 단 하나뿐이다. 그 외의 방정식들은 수학적으로 타당하지 않기 때문이다.

그러므로 우주의 최종 방정식은 하나밖에 없다. 이 만능 방정식의 해는 무수히 많을 수도 있지만, 방정식 자체는 단 하나뿐이다.

그렇다면 또 다른 질문이 떠오른다. 우주는 왜 텅 비어 있지 않고 무언가가 존재하게 되었는가?

양자이론에 의하면 완벽한 무無는 상상으로만 존재할 뿐, 현실세계에서는 절대로 도달할 수 없는 상태이다. 앞서 보았듯이 완벽한 암흑은 존재할 수 없기에, 모든 것을 빨아들인다는 블랙홀조차 서서히 증발하면서 회색으로 변해간다. 이와 비슷하게 양자이론에서 에너지의 최소값은 0이 아니다. 예를 들어 최저에너지 상태에 놓인 원자는 미세한 진동을 겪고 있기 때문에, 에너지를 아무리 줄여도 0K에 도달할 수 없다[양자역학에 의하면 당신은 영점에너지zero point energy(에너지가 가장 낮은 진동)를 갖고 있기 때문에 에너지가 0인 상태에 도달할 수 없다. 에너지가 0인 상태는 불확정성이 없는 상태여서 불확정성원리에 위배된다].

그렇다면 빅뱅을 일으킨 원인은 무엇일까? 내가 보기엔 무無에서 일어난 양자요동일 가능성이 높다. 양자역학에 의하면 무의 상태에서도 입자와 반입자 쌍이 수시로 나타났다가 사라진다. 이것이 바로 무에서 유가 창조되는 비결이다.

앞서 말한 대로 호킹은 이것을 시공간거품이라 불렀다. 진공 중에서는 초소형 거품우주들이 수시로 나타났다가 사라지기를 반복하고 있다. 거품의 크기가 원자보다 작아서 직접 볼 수는 없지만, 가끔은 수많은 거품들 중 하나가 진공으로 되돌아가지 않고 급격하게 팽창하여 우주로 자라날 수도 있다.

그렇다면 우주는 왜 텅 비지 않고 무언가가 존재하게 되었을까? 이것도 우리 우주가 무의 양자요동에서 탄생했기 때문이다. 무수히 많은 여느 거품과 달리, 우리 우주는 시공간거품에서 탈출하여 꾸준히 팽창해왔다.

우주에는 시작이 있었을까?

만물의 이론은 우리의 삶에 의미를 부여할 수 있을까? 몇 년 전에 나는 한 명상 단체에서 발행한 포스터를 보고 실소를 터뜨린 적이 있다. 그 포스터에는 초중력이론의 방정식이 꽤 정확하게 적혀 있었는데, 각 항마다 화살표를 그려서 '평화', '평온', '통일', '사랑' 등 그럴듯한 단어와 짝을 지어놓았다. 만물의 이론을 상징하는 방정식과 삶의 의미를 그들 나름대로 연결시킨 것이다.

나는 물리학에서 유도된 방정식의 각 항들이 사랑이나 행복에 대응된다고 생각하지 않는다.

그러나 만물의 이론이 우주의 의미를 말해줄 수는 있다. 나는 어릴 때부터 장로교 교회에 다녔지만 부모님은 독실한 불교 신자였다. 다들 알다시피 두 종교는 창조에 대한 관점이 화끈하게 다르다. 기독교 경전에는 신이 이 세상을 창조한 과정이 매우 구체적으로 서술되어 있다. 가톨릭 사제이자 빅뱅이론을 구축한 물리학자였던 조르주 르메트르는 아인슈타인의 일반상대성이론과 성경의 창세기가 아무런 문제없이 서로 양립할 수 있다고 믿었다.

그러나 불교에는 신이 등장하지 않는다. 불경에 의하면 우주는 시작도 끝도 없고, 오직 영원한 열반涅槃, Nirvana만이 존재한다.

이렇게 극과 극을 달리는 두 관점을 어떻게 연결할 수 있을까? 우주에는 시작이 있거나 없거나, 둘 중 하나이다.

'시작이 있기도 하고 없기도 하다'는 어정쩡한 답은 생각하기도 싫다.

그런데 다중우주 가설을 도입하면 이 문제가 의외로 간단하게 해결된다.

우리 우주는 성경에 적힌 대로 시작이 있었을지도 모른다. 그러나 인플레이션이론에 의하면 빅뱅은 단발성 이벤트가 아니라, 수많은 거품우주들이 들끓는 기대한 욕조 속에서 수시로 일어나고 있다. 아마도 다른 우주들은 열반이라는 초공간 속에서 나름대로 팽창하고 있을 것이다. 즉, 우리 우주는 시작이 있었고, 지금은 다른 우주들과 함께 '열반'이라는 방대한 11차원 시공간을 표류하는 3차원 거품우주가 되었다.

이처럼 다중우주 개념을 수용하면 기독교의 창조신화와 불교의 열반은 기존의 물리법칙 안에서 하나의 이론으로 통일된다.

유한한 우주

나는 우주에서 우리라는 존재의 의미는 우리 자신이 부여하는 것이라고 믿는다.

우주의 의미를 꿰어차고 있는 스승이 산에서 내려와 우리에게 가르쳐주는 것은 너무 쉽고 간단하다. 삶의 의미는 본인이 직접 고군분투하면서 알아내야 한다. 누군가가 내 앞에 툭 던져주는 것은 아무런 의미가 없다. 공짜로 알게 된 삶의 의미는 그 자체로 무의미하다. 의미 있는 모든 것들은 투쟁과 희생의 결과물이며, 힘들게 싸워서 쟁취할 만한 가치가 있다.

그러나 우주가 결국 죽을 운명이라면, 우주에 의미가 있다고 주장하기가 어려워진다. 어떤 면에서 보면 물리학은 우주에 내려진 사형집행 영장과도 같다.

우주의 의미와 목적에 대해 많은 것을 배우고 다양한 토론을 거친다 해도, 우주가 빅프리즈를 맞이할 운명이라면 죄다 소용없다. 열역학 제2법칙에 의하면 닫힌계 안에 있는 모든 것은 결국 녹슬고 붕괴되고, 산산이 분해된다. 모든 존재가 쇠퇴하여 사라지는 것은 거스를 수 없는 자연의 이치다. 우주가 죽으면 그 안에 존재하는 만물도 죽을 수밖에 없다. 우리가 우주에 어떤 의미를 부여하건, 우주가 죽으면 그것도 함께 사라진다. 아무리 생각해도 피할 길이 없는 것 같다.

그러나 양자이론과 상대성이론을 결합하면 탈출이 가능할 수도 있다. 방금 말한 대로 닫힌 우주는 열역학 제2법칙에 의해 죽어야 할 운명이다. 여기서 핵심은 '닫혀 있다closed'는 단어이다. 열린 우주는 외부에서 에너지가 유

우주의 의미를 찾아서

입될 수도 있으므로 열역학 제2법칙(이하 제2법칙)을 피해갈 수 있다.

예를 들어 뜨거운 공기를 차갑게 식히는 에어컨은 제2법칙에 위배되는 것처럼 보인다. 그러나 에어컨은 외부에 있는 펌프로부터 에너지를 공급받기 때문에 닫힌계가 아니다. 생명의 경우도 마찬가지다. 햄버거와 감자튀김으로 9개월 만에 아기를 만드는 것은 그야말로 기적 중의 기적이다.

이런 일이 어떻게 가능한 걸까? 그렇다. 태양에너지 덕분이다. 지구는 멀리 떨어진 태양으로부터 에너지를 공급받고 있으므로 닫힌계가 아니며, 임산부는 이 에너지를 십분 활용하여 9개월 동안 뱃속의 태아를 먹여 살린다(물론 태양 외에 다른 에너지도 필요하다 – 옮긴이). 태아뿐만 아니라 지구의 모든 생명체는 태양을 외부 에너지원으로 사용하고 있다. 따라서 제2법칙에는 탈출구가 존재한다. 생명체가 복잡한 형태로 진화할 수 있었던 것은 태양에너지가 꾸준히 공급되었기 때문이다.

이와 비슷하게, 우리 우주와 다른 우주를 웜홀로 연결하여 '열린 우주'를 만들 수도 있다. 우리의 우주는 닫힌계처럼 보인다. 그러나 미래의 어느 날 우주의 최후가 코앞에 닥쳤을 때 첨단 과학기술을 총동원하여 양(+)에너지를 모아서 시공간 터널의 입구를 열고, 카시미르 효과Casimir effect(진공의 양자요동에 의해 힘이 발생하는 현상 – 옮긴이)에서 얻은 음에너지를 투입하면 통로를 안정한 상태로 유지할 수 있다. 우리의 후손들은 시공간을 불안정하게 만드는 플랑크에너지를 마음대로 다루고, 첨단 기술을 이용하여 죽어가는 우주를 탈출할 것이다.

양자중력이론은 11차원 수학 문제라는 꼬리표를 떼고 우주의 차원을 넘나드는 구명정이 되어 지구의 생명체를 살릴 수도 있다. 건너편 우주는 죽어가는 우리 우주보다 따뜻할 것이므로, 열역학 제2법칙을 극복하고 삶을 이어가는 방법은 이것뿐이다.

그러므로 만물의 이론은 아름다운 수학 이론을 넘어 최후의 순간에 인류의 유일한 생존수단이 될 것이다.

결론

만물의 이론은 결국 우주의 대칭을 통일하는 문제로 귀결되었다. 여름날 불어오는 따스한 미풍에서 타오르는 석양에 이르기까지, 우리를 에워싼 대칭은 태초에 존재했던 거대한 대칭의 파편이다. 초힘이 갖고 있던 원래 대칭은 빅뱅의 순간에 붕괴되었지만, 우리는 그 잔해로 남은 부분대칭에서 자연의 아름다움을 느낀다.

'플랫랜드Flatland'라는 2차원 평면세계에 사는 납작한 생명체를 상상해보자(나는 이 이야기를 아주 좋아한다). 이들에게는 2차원 평면이 세상의 모든 것이며, 눈에 보이지 않는 세 번째 차원은 그저 전설로만 전해져올 뿐이다. 플랫랜드가 처음 창조될 때 아름다운 3차원 수정이 있었는데, 알 수 없는 이유로 상태가 불안정해지다가 수백만 조각으로 쪼개져서 플랫랜드에 비처럼 쏟아져 내렸다. 그 후 플랫랜드에 거주해온 플랫랜더(평면인간)들은 수백 년 동안 수정 조각을 열심히 모아서 퍼즐을 맞추듯이 쌓아나갔고, 어느 정도 시간이 흐른 후에는 두 개의 커다란 수정 덩어리로 복원하는 데 성공했다. 그들은 둘 중 하나를 중력이라 부르고 다른 하나를 양자이론이라 불렀는데, 아무리 노력해도 두 덩어리는 하나로 합쳐지지 않았다. 그러던 어느 날, 평소 진취적 사고로 유명했던 한 플랫랜더가 엉뚱한 제안을 하여 다른 플랫랜더들을 한바탕 웃게 만들었다. "수학을 이용해서 두 개의 수정 덩어리를 세 번째 방향으로 쌓아봅시다. 2차원에서는 모든 시도가 실패로 돌아갔으니까, 3차원으로 쌓으면 정확하게 들어맞을 겁니다!" 플랫랜더들이 반신반의하면서 눈에 보이지 않는 세 번째 방향으로 수정덩어리를 쌓았더니, 완벽한 대칭을 보유한 아름다운 원형原形이 드디어 모습을 드러냈다.

스티븐 호킹은 그의 저서 《시간의 역사》에 다음과 같이 적어놓았다.

완벽한 이론이 발견되면 처음에는 일부 과학자들만 이해하겠지만, 시간이 흐르면 결국 모든 사람들이 이해하게 될 것이다. 그러면 '우주와 우리는 왜 존재하는가?'라는 심오한 토론에 철학자와 과학자뿐만 아니라 일반 대중들도 참여할 수 있다. 그리고 이 질문의 해답을 찾는다면 인류 역사상 가장 위대한 승리로 기록될 것이다. 오랜 세월 동안 무지한 상태로 살아왔던 인간이 드디어 신의 마음을 알아냈기 때문이다.[1]

감사의 말

나는 이 책을 집필하는 동안 출판대리인 스튜어트 크리체
프스키Stuart Krichevsky에게 말할 수 없이 큰 빚을 졌다. 그
는 지난 수십 년 동안 나와 함께 일하면서 항상 내 편이 되
어주었고, 필요할 때마다 값진 조언을 해주었다. 그는 문학
과 과학에 조예가 매우 깊어서, 그가 하는 말은 무조건 믿
어도 된다.

나의 전작을 포함하여 이 책을 훌륭하게 편집해준 에드
워드 카스텐마이어Edward Kastenmeier에게도 감사의 말을
전한다. 그는 이 책을 집필하도록 나를 설득했고, 집필하는
내내 나를 올바른 길로 인도해주었다. 그의 사려 깊은 조
언이 없었다면 이 책은 세상 빛을 보지 못했을 것이다.

과학 분야에서 일하는 나의 동료들과 친구들의 도움
도 빼놓을 수 없다. 특히 귀한 시간을 할애하여 물리학

과 과학의 심오한 지식을 나눠준 노벨상 수상자들에게 깊이 감사한다. 머리 겔만Murray Gell-Mann, 데이비드 그로스David Gross, 프랭크 윌첵Frank Wilczek, 스티븐 와인버그Steven Weinberg, 난부 요이치로南部陽一郎, 리언 레더먼Leon Lederman, 월터 길버트Walter Gilbert, 헨리 켄들Henry Kendall, 리정다오李政道, 제럴드 에델만Gerald Edelman, 조지프 로트블랫Joseph Rotblat, 헨리 폴락Henry Pollack, 피터 도허티Peter Doherty, 에릭 치비안Eric Chivian이 바로 그들이다.

마지막으로 끈이론 연구를 비롯하여 라디오 과학 프로그램, 내가 진행을 맡았던 BBC-TV, 디스커버리, 사이언스채널, CBS-TV의 과학 다큐멘터리 등에서 나와 함께 일했던 수백 명의 물리학자와 과학자들에게 감사의 말을 전한다.

내가 인터뷰했던 과학자들의 완전한 명단은 나의 전작인 《미래의 물리학》에 실린 감사의 말을 참고하기 바란다. 그리고 이 책에서 언급된 끈이론 학자들의 완전한 목록은 내가 집필한 박사과정용 교과서 《끈이론과 M-이론 입문Introduction to String Theory and M-Theory》에 수록되어 있다.

이 책의 저자 미치오 카쿠의 아인슈타인 사랑은 정말 각별하다. 그가 지금까지 집필한 10권의 교양과학 도서 중 7권은 아인슈타인이 주인공이라 해도 과언이 아니고, 그중 두 권은 아예 아인슈타인을 제목으로 내세웠다. 물론 물리학을 전공한 사람이라면 누구나 아인슈타인을 닮고 싶어하지만, 미치오 카쿠의 글을 읽다 보면 세상을 떠난 지 65년이 넘은 아인슈타인의 위패를 소중히 모셔놓고 100년장을 치르는 듯한 느낌을 받는다. 그 정도로 경건함과 존경이 뚝뚝 묻어난다는 뜻이다. 나 역시 아인슈타인을 존경하지만, 그가 못 이룬 꿈을 대신 이루기 위해 평생을 바쳐온 저자도 그 못지않게 존경스럽다.

미치오 카쿠는 여덟 살 때 신문에서 아인슈타인의 사망 소식을 접하고, 그가 죽는 날까지 매달렸던 통일장이론을 기필코 완성하기로 결심했다고 한다. 다른 물리학자가 이런 말을 했다면 허풍으로 흘려 넘겼겠지만, 카쿠의 경우는 그렇지 않다. 그는 고등학생 시절에 동네 전파상과 고물상에서 중고 부품을 수집하여 소형 입자가속기 베타트론을 혼자서 만들었고, 이 열정에 탄복한 입학사정관은 그에게 하버드대학교 합격통지서를 발송했다.

미치오 카쿠의 우상인 아인슈타인은 유명세 못지않게 미스터리한 구석도 많은 사람이다. 박사학위를 받은 후 직장을 얻지 못하여 중등학교 임시 교사직과 가정교사를 전전하다가 간신히 특허청 말단 직원으로 취직했는데, 그 후로 과학사에 길이 남을 논문 4편을 연달아 발표했다. 어떻게 단 2년 만에 사람이 이토록 달라질 수 있을까? 혹시 그 무렵에 외계인에게 납치되어 두뇌 개조 수술을 받고 풀려난 것은 아닐까?(미국의 토머스 하비라는 의사가 사망한 아인슈타인의 두뇌를 적출하여 오랫동안 간직해왔는데, 그의 증언에 의하면 수술 흔적은 없었다고 한다.) 아무튼 20세기 초에 그가 구축한 특수상대성이론과 일반상대성이론은 시간과 공간에 대한 기존의 개념을 완전히 갈아엎으면서 과학사의 새로운 장을 열었고, 아인슈타인이라는 이름은 한 시대를 대표하는 과학의 아이콘으로 자리잡게 된다.

그러나 비슷한 시기에 불어닥친 양자 돌풍은 아인슈타인에게 불리한 쪽으로 작용했다. 닐스 보어와 하이젠베르크, 그리고 폴 디랙과 볼프강 파울리로 이어지는 양자 가문의 적자嫡子들은 '굳이 확인하지 않아도 항상 그곳에 존재하는 실체'의 개념을 정면으로 부정하면서 새로운 우주관을 강요했고, 전통적 개념을 고집했던 아인슈타인은 양자 진영의 인해전술에 밀려 소위 말하는 뒷방 늙은이가 되었다. 신이 내린 명필이 인쇄술과 컴퓨터에 밀려 경쟁력은 없고 보존 가치만 남은 문화재가 된 것과 비슷한 상황이다. 그래도 아인슈타인은 포기하지 않고 자연의 모든 법칙을 장론field theory으로 통일하겠다는 일념하에 죽는 날까지 통일장이론에 매달렸다. 이 이론이 완성되면 모든 자연현상은 하나의 장방정식으로 표현된다. 우주의 삼라만상을 함축한 단 한 줄짜리 방정식, 그것이 바로 '신의 방정식The God Equation'이며 이 책의 원서 제목이기도 하다.

아인슈타인을 무대에서 쫓아내고 승승장구하던 양자역학도 사실은 아인슈타인과 비슷한 꿈을 꾸고 있었다. 양자물리학자들은 자연에 존재하는 네 가지 힘(전자기력, 약한 핵력, 강한 핵력, 중력)을 양자장이론이라는 도구를 이용하여 하나로 통일한다는 기치 아래 처음에 전자기력과 약력을 통일하고, 얼마 후 (약간 어설프긴 하지만) 강력도 통일했다. 그러나 아인슈타인의 일반상대성이론으로 서술되는 중력만은 아무리 어르고 달래도 양자 가문에 입양되기를 거부했다. 자신을 낳아준 친부親父를 배신할 수 없었던 것일까? 아니면 저세상에서도 양자역학에 맺힌 한을 풀지 못한 아인슈타인의 복수였을까?

그리하여 양자역학은 중력을 제외한 세 종류의 힘을 하나로 묶어서 표준모형이라는 걸출한 작품을 세상에 내놓았고, 다른 한편으로는 중력을 마저 포함시키기 위해 새로운 아이디어를 있는 대로 쥐어 짜내고 있었다.

그러던 중 1984년에 일단의 물리학자들이 한 가닥 빛줄기를 찾았다. 중력을 양자 가문에 강제로 입양시키면 온갖 문제가 속출하는데, 아예 다른 가문으로 눈을 돌렸다가 상상도 하지 못한 곳에서 네 개의 힘이 친형제처럼 평화롭게 공존할 수 있는 깔끔한 저택을 발견한 것이다. 그러나 이들을 새집에 들이려면 만물의 최소 단위가 점point이 아닌 끈string이라는 것을 받아들여야 했다. 게다가 그 집은 4차원 시공간이 아닌 10차원(또는 11차원)에 지어졌기 때문에, 새집에 입양된 힘들은 속옷까지 완전히 갈아입고 새로운 환경에 적응해야 했다. 평생 동안 양자역학을 연구해온 기존의 물리학자들은 내가 낳아 키운 자식을 그런 이상한

집에 보낼 수 없다며 노발대발했지만, 3+1형제가 4형제로 온전한 가정을 이루려면 그 방법밖에 없을 것 같았다.

바로 이 대목에서 아인슈타인을 향한 미치오 카쿠의 애정이 피부로 느껴진다. 그는 끈이론 초창기부터 이 분야에 투신하여 지대한 공헌을 했고, 그 후로 지금까지 중력을 나머지 힘과 통일하기 위해 부단히 노력해왔다. 낙동강 오리알 취급을 받는 아인슈타인의 중력이 사실은 4형제 중 가문의 적통을 잇는 장남이라는 것을 입증하기 위해 과학자로서의 인생을 건 것이다. 이런 점에서 그는 여느 끈이론 학자와 확실하게 다르다. 나의 개인적인 경험에 의하면 다수의 끈이론 학자들은 자신이 연구하는 분야가 새롭고 특별하다는 것을 강조하면서 여타 이론과 차별화하려는 경향이 있는데, 미치오 카쿠는 아인슈타인이 개척한 세계에서 절대로 발을 빼지 않는다. 다시 말해서 그의 목적은 중력을 끈이론에 갖다붙이는 것이 아니라, 중력을 끈이론으로 설명하는 것이다. 같은 말 같지만 뉘앙스가 다르다. 불과 여덟 살 때 아인슈타인의 뒤를 잇기로 결심하고 초지일관 매진해온 과학자의 내공이 느껴진다.

행여 독자들이 "그래, 모든 힘을 통일해서 만물의 이론이 완성되었다고 치자. 그래서 내 인생이 뭐가 달라지는

데?"라고 반문할까봐, 저자는 그 후의 이야기에 마지막 장을 통째로 할애했다. 이곳에서 그는 물리학자로서 다소 부담스러울 수도 있는 종교의 교리까지 거론하면서 만물의 이론에 의미를 부여한다. 그의 친절한 설명에 다시 한번 감탄하면서도, 왠지 그가 지나친 걱정을 했다는 느낌이 들기도 한다. 번역을 마무리하면서 그에게 조용히 귓속말로 한마디 하고 싶다.

"카쿠 박사님, 걱정 마세요. 만물의 이론이 쓸데없는 지적 유희라고 생각하는 사람들은 이 책을 읽지 않을 테니까요."

2021년 11월
박병철

서문: 궁극의 이론

1. 그동안 많은 물리학의 대가들이 통일장이론에 도전했지만 모두 실패했다. 과거에는 잘 몰랐지만, 통일장이론은 다음 세 가지 조건을 만족해야 한다.

    1) 아인슈타인의 일반상대성이론을 포함해야 하고

    2) 소립자의 종류와 거동을 설명하는 표준모형에 부합되어야 하며

    3) 유한한 결과를 내놓아야 한다(즉, 이론에서 예측된 물리량이 유한해야 한다- 옮긴이).

    양자이론의 창시자 중 한 사람인 에르빈 슈뢰딩거는 아인슈타인의 통일장이론이 '일반상대성이론으로 매끄럽게 환원되지 않고 맥스웰 방정식도 설명하지 못했기 때문에 실패할 수밖에 없었다'고 했다(전자나 원자에 대한 설명도 부실했다).

    볼프강 파울리와 베르너 하이젠베르크도 페르미온의 물질장matter field을 포함하는 통일장이론을 제안했으나, 재규격화가 불가능했고 10년 후에 출현한 쿼크모형quark model과도 부합되지 않아서 자연스럽게 폐기되었다.

    아인슈타인도 생애 마지막 날까지 통일장이론에 매달렸지만 끝내 성공하지 못했다. 그는 자신의 이론에 맥스웰 방정식을 포함시키기 위해 중력의 계량 텐서metric tensor(4차원 시공간에서 두 점 사이의 거리를 정의하는 연산자- 옮긴이)를 일반화하고 반대칭텐서인 크리스토펠 기호Christoffel symbol까지 도입했지만, 결과는 실망스러웠다. 단순히 방정식의 수를 늘리는 것만으로는 맥스웰 방정식을 구현할 수 없었던 것이다. 또한 아인슈타인의 접근법은 물질에 대해 아무런 실마리도 제공하지 않는다.

    아인슈타인이 세상을 떠난 후 여러 물리학자들이 아인슈타인의 방정식에 물질장을 추가해보았으나, 1차 양자고리 수준1-loop quantum level에서

발산하는 것으로 나타났다. 컴퓨터를 동원하여 1차 양자고리 수준에서 중력자graviton가 산란되는 정도를 계산해보니 무한대가 나온 것이다. 지금까지 알려진 바에 의하면 가장 낮은 1차 고리 수준에서 무한대를 제거하는 유일한 방법은 초대칭supersymmetry을 도입하는 것뿐이다.

1919년에 테어도어 칼루차는 아인슈타인 방정식을 5차원에서 서술한다는 획기적인 아이디어를 제시했다. 5차원 방정식에서 하나의 차원을 작은 원으로 축소시키면, 맥스웰의 전자기장과 아인슈타인의 중력장이 구현된다. 즉, 5차원 시공간에서 전자기력과 중력이 하나로 통일된 것이다. 아인슈타인도 칼루차의 제안에 깊은 관심을 갖고 '고차원 통일이론'을 깊이 파고들었지만, 차원 하나를 자연스럽게 줄이는 방법을 찾지 못하여 결국 포기하고 말았다. 그 후 칼루차의 이론은 10차원 이론을 4차원으로 붕괴시켜서 양-밀스 장을 이끌어내는 끈이론에 통합되었다. 그동안 제기된 다양한 버전의 통일장이론 중에서 끝까지 살아남은 것은 칼루차의 고차원 접근법에 초대칭을 도입한 초끈이론superstring theory과 초막이론supermembrane theory 뿐이다.

최근에 제기된 고리양자중력이론loop quantum gravity은 아인슈타인의 4차원 이론을 새로운 방식으로 조명한 이론인데, 전자와 소립자를 거론하지 않은 채 중력만 다루고 있어서 통일장이론으로 볼 수는 없다. 또한 고리양자중력이론에는 물질장이 등장하지 않기 때문에 표준모형과도 무관하며, 다중고리산란scattering of multiloop이 유한한 값을 갖는지도 확실치 않다. 개중에는 두 고리가 충돌하여 무한대를 낳는다고 주장하는 물리학자도 있다.

1장. 오래된 꿈

1. Steven Weinberg, *Dreams of a Final Theory* (New York: Pantheon, 1992), 11.
2. 뉴턴의 《프린키피아》에는 행성의 운동에 관한 모든 명제가 순전히 기하학적 논리로 증명되어 있다. 이는 곧 뉴턴이 대칭의 위력을 간과하고 있

었음을 의미한다. 그는 여기에 자신의 직관을 십분 발휘하여 행성의 궤도를 계산했다. 그러나 뉴턴은 x^2+y^2 같은 해석적 형태를 사용하지 않았기 때문에, 그가 내린 결론에는 좌표 x와 y를 통한 대칭적 특성이 나타나 있지 않다.

3. Quotefancy.com, http://quotefancy.com/quote/1572216/James-Clerk-Maxwell-We-can-scarcely-avoid-the-inference-that-light-consists-in-the-transverse-undulations-of-the-same-medium-which-is-the-cause-of-electric-and-magnetic-phenomena.

4. 엄밀히 말해서 맥스웰 방정식의 E와 B는 완전히 대칭적이지 않다. 예를 들어 맥스웰 방정식은 전기장의 원천인 전기전하electric charge와 함께 자기장의 원천인 자기홀극magnetic monopole[하나의 극(북극-N극 또는 남극-S극)만 존재하는 자석]의 존재를 예견했지만, 자연에서 발견된 사례는 단 한 번도 없다. 일부 물리학자들은 자기홀극이 언젠가는 발견될 것으로 믿고 있다.

2장. 통일을 향한 아인슈타인의 여정

1. Abraham Pais, *Subtle Is the Lord*(New York: Oxford University Press, 1982), 41.

2. Quotation.io, https://quotation.io/page/quote/storm-broke-loose-mind.

3. Albercht Fölsing, *Albert Einstein*, Ewald Osers 번역 및 편집(New York: Penguin Books, 1997), 152.

4. Wikiquotes.com, https://en.wikiquote.org/wiki/G_H_Hardy.

5. 특수상대성이론은 4차원 대칭을 갖고 있다. 그러나 여기 적용되는 4차원 피타고라스 정리 $x^2+y^2+z^2-t^2=R^2$에서 알 수 있듯이, 시간은 공간좌표와 달리 앞에 마이너스 부호(-)가 달려 있다. 즉, 시간이 네 번째 차원임은 분명하지만 그 특성은 공간 차원과 근본적으로 다르다는 것이다. 일례

로 당신은 공간에서 전후-좌우-상하 이동이 가능하지만, 시간은 그렇지 않다(시간에서도 전후 이동이 가능하다면 시간여행은 일상사가 되었을 것이다). 공간에서는 어떤 방향이건 앞이나 뒤로 쉽게 이동할 수 있지만, 시간은 앞에 붙어 있는 마이너스 부호 때문에 한 방향으로만 흐를 수 있다(특수상대성이론의 시공간에서 시간이 네 번째 차원임을 분명하게 나타내기 위해 빛의 속도를 '1'로 잡은 특별한 단위를 사용했다).

6. Brandon R. Brown, "Max Planck: Einstein's Supportive Skeptic in 1915." *OUPblog*, Nov. 15, 2015, https://blog.oup.com/2015/11/einstein-planck-general-relativity.

7. Fösling, *Albert Einstein*, 374.

8. Denis Brian, *Einstein*(New York: Woley, 1996), 102.

9. Johann Ambrosius and Barth Verlag(Leipzig, 1948), p. 22, in Scientific Autography and other papers.

10. Jeremy Bernstein, "Secrets of the Old One - II," *New Yorker*, March 17, 1973, 60.

3장. 양자이론의 도약

1. https://en.wikiquote.org/wiki/Talk:Richard_Feynman.

2. Albercht Fölsing, *Albert Einstein*, Ewald Osers 번역 및 편집(New York: Penguin Books, 1997), 591.

3. Denis Brian, *Einstein*(New York: Penguin Books, 1997), 306.

4. 슈뢰딩거의 고양이에 대한 학계의 의견은 아직도 통일되지 않은 상태이다. 대부분의 물리학자들은 깊은 철학적 문제를 무시한 채, 양자역학을 '올바른 답을 구하는 지침서' 정도로 간주하고 있다. 대학원에서 사용하는 양자역학 교재에도 슈뢰딩거의 고양이 역설이 등장하지만, 간단히 소개만 할 뿐 답을 제시하지는 않는다.
지난 수십 년 사이에 고양이 역설을 해결하는 몇 가지 방법이 제시되었다. 그중 하나는 관측자의 의식을 관측 과정의 일부로 간주하는 것인데,

'의식'을 정의하는 방법에 따라 결과가 달라지기 때문에 논란의 여지가 많다. 또 다른 해결책은 물리학자들 사이에서 비교적 인기가 높은 다중 우주 가설이다. 이 가설에 의하면 상자의 뚜껑을 여는 순간 우주는 '고양이가 살아 있는 우주'와 '고양이가 죽은 우주'로 갈라진다. 그러나 이들은 양자적으로 분리되어 있기 때문에(즉, 같은 패턴으로 진동하지 않기 때문에) 두 우주 사이를 왕래하는 것은 거의 불가능하다. 물론 신호를 주고받을 수도 없다. 교신이 단절된 두 개의 라디오 중계국처럼, 갈라진 두 우주는 완전히 분리되어 있다. 지금도 우리 주변에는 숱한 선택을 거치면서 파생된 별의별 희한한 양자우주들이 공존하고 있지만, 그 세계와 소통하는 것은 거의 불가능하다. 다른 우주(평행우주라 한다)로 가려면 우주의 나이보다 긴 세월을 기다려야 할 수도 있다.

4장. '거의 모든 것'의 이론

1. Denis Brian, *Einstein*(New York: Penguin Books, 1997), 359.

2. Walter Moore, *A Life of Erwin Schrödinger*(Cambridge: Cambridge University Press, 1994), 308.

3. Nigel Calder, *The Key to the Universe*(New York: Viking, 1977), 15.

4. William H. Cropper, *Great Physicists*(Oxford: Oxford University Press, 2001), 252.

5. Steven Weinberg, *Dreams of a Final Theory*(New York: Pantheon, 1992; New York: Vintage, 1994), 115.

6. John Gribbin, *In Search of Schrödinger's Cat*(New York: Bantam Books, 1984), 259.

7. Dan Hopper, *Dark Cosmos*(New York: HarperCollins, 2006), 59.

8. Frank Wilczek and Betsy Devine, *Longing for Harmonies*(New York: Norton, 1988), 64.

9. Robert P. Crease and Charles C. Mann, *The Second Creation* (New York: Macmillan, 1986), 326.

10. 세 개의 쿼크를 섞는 수학적 대칭은 '3차 특수유니터리 리군special unitary Lie group of degree 3'으로, 기호로는 SU(3)로 표기한다. 즉, SU(3) 대칭에 따라 세 개의 쿼크를 재배열하면 방정식의 형태가 변하지 않는다. 그리고 약력에서 전자와 뉴트리노를 섞는 대칭은 '2차 특수유니터리 리군special unitary Lie group in degree 2'인 SU(2)이다(일반적으로 n개의 페르미온에서 시작하면 SU(n) 대칭을 갖는 이론을 구축할 수 있다). 마지막으로, 맥스웰의 이론은 U(1)이라는 대칭을 갖고 있다. 그러므로 세 개의 이론을 하나로 결합한 표준모형은 SU(3)×SU(2)×U(1)이라는 대칭을 갖는다. 표준모형은 아원자물리학의 모든 실험 데이터와 정확하게 일치하지만, 세 개의 힘을 인위적으로 갖다붙인 꼴이어서 다소 부자연스럽다.

11. 독자들의 이해를 돕기 위해, 아인슈타인의 방정식과 표준모형의 방정식을 여기 소개한다. 먼저 아인슈타인의 장방정식은 아래와 같이 단 한 줄에 쓸 수 있다.

$$G_{\mu\nu} \equiv R_{\mu\nu} - \frac{1}{2} R g_{\mu\nu} = \frac{8\pi G}{c^4} T_{\mu\nu}$$

이와 대조적으로 표준모형의 방정식은 다양한 쿼크와 전자, 뉴트리노, 글루온, 양-밀스 입자, 힉스입자를 모두 나열해야 하기 때문에, 최대한 축약해서 써도 아래처럼 장황해진다.

$$\mathcal{L} = -\frac{1}{2} \text{Tr} G_{\mu\nu} G^{\mu\nu} - \frac{1}{2} \text{Tr} W_{\mu\nu} W^{\mu\nu} - \frac{1}{4} F_{\mu\nu} F^{\mu\nu}$$

$$+ (D_\mu \phi)^\dagger D^\mu \phi + \mu^2 \phi^\dagger \phi - \frac{1}{2} \lambda \left(\phi^\dagger \phi \right)^2$$

$$+ \sum_{f=1}^{3} (\bar{\ell}_L^f i \not{D} \ell_L^f + \bar{\ell}_R^f i \not{D} \ell_R^f + \bar{q}_L^f i \not{D} q_L^f + \bar{d}_R^f i \not{D} d_R^f + \bar{u}_R^f i \not{D} u_R^f)$$

$$- \sum_{f=1}^{3} y_\ell^f (\bar{\ell}_L^f \phi \ell_R^f + \bar{\ell}_R^f \phi^\dagger \ell_L^f)$$

$$- \sum_{f,g=1}^{3} \left(y_d^{fg} \bar{q}_L^f \phi d_R^g + (y_d^{fg})^* \bar{d}_R^g \phi^\dagger q_L^f + y_u^{fg} \bar{q}_L^f \tilde{\phi} u_R^g + (y_u^{fg})^* \bar{u}_R^g \tilde{\phi}^\dagger q_L^f \right)$$

놀랍게도 우주를 운영하는 모든 법칙은 (원리적으로) 이 방정식으로부터 유도할 수 있다. 문제는 두 개의 이론(아인슈타인의 상대성이론과 표준모형)이 각기 다른 수학, 다른 가정, 그리고 다른 장場에 기초하고 있다는 점이다. 우리의 최종 목표는 상대성이론과 표준모형을 하나의 이론으로 통일한 궁극의 이론을 구축하는 것이다. 물론 위의 두 방정식을 모두 포함하면서 유한한 결과를 내놓아야 한다. 지금까지 제안된 모든 이론 중에서 이 조건을 만족하는 후보는 끈이론밖에 없다.

6장. 끈이론의 약진: 가능성과 문제점들

1. 키카와 박사와 나는 '끈의 장이론string field theory'이라는 분야를 함께 개척했다. 이 이론을 적용하면 모든 끈이론을 장의 언어로 쓸 수 있으며, 방정식도 다음과 같이 한 줄로 정리된다.

$$L = \Phi^\dagger \left(i\partial_\tau - H \right) \Phi + \Phi^\dagger * \Phi * \Phi$$

모든 끈이론은 이 방정식을 통해 간결하게 표현되지만 최종적인 형태는 아니다. 앞으로 보게 되겠지만 끈이론은 총 다섯 가지가 있으며, 각 이론에 해당하는 장이론도 개별적으로 존재한다. 그러나 11차원으로 이동하면 모든 이론은 'M-이론(끈과 막膜을 서술하는 이론)'을 대표하는 하나의 방정식으로 수렴한다. 사실 이것은 끈이론이 추구하는 중요한 목표 중 하나이다. 끈이론 학자들은 물리적 결과를 추출할 수 있는 최종 형태를 구축하기 위해 지금도 열심히 노력하고 있다. 다시 말해서, 끈이론은 아직 최종 단계에 도달하지 못했다.

2. Nigel Calder, *The Key to the Universe*(New York: Viking, 1977), 185.

3. 후안 말다세나는 N=4인 4차원 초대칭 양-밀스 이론과 IIB형 끈이론 사이의 이중성duality을 발견했다. 이것은 그동안 완전히 다르게 취급되었던 양-밀스 입자에 대한 4차원 게이지이론과 10차원 끈이론이 동일하다는 뜻이다. 두 이론 사이의 이중성이 알려지면서, 4차원 강력과 10차원 끈

이론의 긴밀한 관계가 만천하에 드러났다. 정말 놀라운 발견이 아닐 수
없다.

4. Eilliam H. Cropper, *Great Physicists*(New York: Oxford University Press, 2001), 257.

5. http://www.preposterousuniverse.com/blog/2011/10/18/column-welcome-to-the-multiverse/comment-page-2.

6. Sheldon Glashow, with Ben Bova, *Interactions*(New York: Warner Books, 1988), 330.

7. Howard A. Baer and Alexander Belyaev, *Proceedings of the Dirac Centennial Symposium*(Singapore: World Scietific Publishing, 2003), 71.

8. Sabine Hossenfelder, "You Say Theoretical Physicists Are Doing Their Job Wrong. Don't You Doubt Yourself?," *Back Reaction* (blog), Oct. 4, 2018, http://backreaction.blogspot.com/2018/10/you-say-theoretical-physicists-are.html.

7장. 우주의 의미를 찾아서

1. Stephen Hawking, *A Brief History of Time*(New York: Bantam Books, 1988), 175.

참고문헌

Bartusiak, Marcia. *Einstein's Unfinished Symphony*. Yale University Press, 2017.

Becker, Katrin, Melanie Becker, and John Schwarz. *String Theory and M-Theory*. Cambridge University Press, 2007.

Crease, Robert P., and Charles Mann. *The Second Creation: Makers of the Revolution in Twentieth-Century Physics*. New York: Macmillan, 1986.

Einstein, Albert. *The Special and General Theory*. Mineola, New York: Dover Books, 2001. 《상대성 이론: 특수 상대성 이론과 일반 상대성 이론》(지만지, 2012)

Feynman, Richard. *Surely You're Joking, Mr. Feynman: Adventures of a Curious Character*. New York: W. W. Norton, 2018. 《파인만 씨, 농담도 잘하시네!》(사이언스북스, 2000)

_____. *The Feynman Lectures on Physics* (with Robert Leighton and Matthew Sands). New York: Basic Books, 2010. 《파인만의 물리학 강의》 1~3(승산, 2004~2009)

Green, Michael, John Schwarz, and Edward Witten. *Superstring Theory,* vols. 1 and 2. Cambridge: Cambridge University Press, 1987.

Greene, Brian. *The Elegant Universe: Superstrings, Hidden Dimensions, and the Quest for the Ultimate Theory*. New York: W. W. Norton, 2010. 《엘러건트 유니버스》(승산, 2002)

Hawking, Stephen. *A Brief History of Time*. New York: Bantam, 1998. 《그림으로 보는 시간의 역사》(까치, 2021)

_____. *The Grand Design* (with Leonard Mlodinow). New York: Bantam, 2010. 《위대한 설계》(까치, 2010)

Hossenfelder, Sabine. *Lost in Math: How Beauty Leads Physics Astray.* New York: Basic Books, 2010. 《수학의 함정》(해나무, 2020)

Isaacson, Walter. *Einstein: His Life and Universe.* New York: Simon and Schuster, 2008. 《아인슈타인》(까치, 2007)

Kaku, Michio. *Parallel Worlds: A Journey Through Creation, Higher Dimensions, and the Future of the Cosmos.* New York: Random House. 2006. 《평행우주》(김영사, 2006)

_____. *Hyperspace: A Scientific Odyssey Through Parallel Universes, Time Warps, and the Tenth Dimension.* New York: Oxford University Press, 1995. 《초공간》(김영사, 2018)

_____. *Introduction to String Theory and M-Theory.* New York: Springer-Verlag, 1999.

Kumar, Manjit. *Quantum: Einstein, Bohr, and the Great Debate About the Nature of Reality.* New York: W. W. Norton, 2010. 《양자혁명》(까치, 2014)

Lederman, Leon. *The God Particle: If the Universe Is the Answer, What Is the Question?* New York: Mariner Books, 2012. 《신의 입자》(휴머니스트, 2017)

Levin, Janna. *Black Holes Blues and Other Songs from Outer Space.* New York: Anchor Books, 2017.

Maxwell, Jordan. *The History of Physics: The Story of Newton, Feynman, Schrodinger, Heisenberg, and Einstein.* Independently published, 2020.

Misner, Charles W., Kip Thorne, and John A. Wheeler. *Gravitation.* Princeton: Princeton University Press. 2017.

Mlodinow, Leonard. *Stephen Hawking: A Memoir of Friendship and Physics.* New York: Pantheon Books, 2020. 《스티븐 호킹》(까

치, 2021)

Polchinski, Joseph. *String Theory,* vols. 1 and 2. Cambridge: Cambridge University Press, 1999.

Smolin, Lee. *The Trouble with Physics: The Rise of String Theory, the Fall of a Science, and What Comes Next*. New York: Houghton Mifflin, 2006.

Thorne, Kip. *Black Holes and Time Warps: Einstein's Outrageous Legacy*. New York: W. W. Norton, 1994. 《블랙홀과 시간여행》(반니, 2016)

Tyson, Neil de Grasse. *Death by Black Hole and Other Cosmic Quandaries*. New York: W. W. Norton, 2007. 《블랙홀 옆에서》(사이언스북스, 2018)

Weinberg, Steven. *Dreams of a Final Theory: The Scientific Search for the Ultimate Laws of Nature*. New York: Vintage Books, 1992. 《최종 이론의 꿈》(사이언스북스, 2007)

Wilczek, Frank. *Fundamentals: Ten Keys to Reality*. New York: Penguin Books, 2021.

Woit, Peter. *Not Even Wrong: The Failure of String Theory and the Search for Unity in Physical Law*. New York: Basic Books, 2006. 《초끈이론의 진실》(승산, 2008)